地方志災異資料叢刊

第二編

24

于春媚 賈貴榮 編

國家圖書館出版社

第二十四册目録

【道光】霍邱縣志

（清）張家棉、朱炳南修　（清）李寶琮等纂

清道光五年（1825）刻本

霍邱縣志卷之三

食貨志四

蠲賑

一民饑曰己饑一民溺曰己溺每遇偏災議蠲議賑歷代多有而我

朝惠愛黎元普免全漕者三普免錢糧者四豁免天下積欠者因水旱而蠲賑兼施者所費　帑金不下千億萬尤見

皇仁如天偏陬下邑無不仰霑雨露矣

宋

天聖四年六月淮南大水肆赦蠲租撫流民

嘉泰元年淮南旱饑賑之仍蠲其賦

明

成化十年春災詔免壽泗和三州霍邱等八縣秋糧三萬七千餘石

嘉靖二年大饑疫人相食詔戶部侍郎席書賑之

萬歷九年春大饑知縣陳緍請發倉米三千六百石賑之

十四年大饑知縣甘廷諫請發倉稻八百九十石賑之

十七年大旱自春至秋不雨詔發帑金遣垣臣賑之知縣甘廷諫請發倉米三千石賑之

十八年春大饑署縣事本府同知林一桂頒發欽賑銀三千九百兩賑之

二十一年春大饑知縣楊其善請發倉稻一千七百石賑之

秋七月大水三尖山起蛟水從山上湧出裂崖破石蕩沒廬舍人畜溺死者不可勝計據鎮民告沙壓田地知縣楊其善委縣丞胡璧踏勘丈量除豁差糧撤派闔縣

冬大饑知縣楊其善請發米麥一千石賑之

四十五年旱知縣王世廕捐米二千石賑之

崇禎十三年旱蝗大饑斗米千錢人至相食督撫

史可法奏免錢糧三年

國朝

順治六年夏五月淮河水陡從西北來平地數丈

壞廬舍溺牛畜瀕淮兩岸殆盡奉

旨蠲免租稅

十六年大水禾稼漂沒無遺

詔除本年正賦十分之二

康熙元年大水

詔除本年正賦十分之一

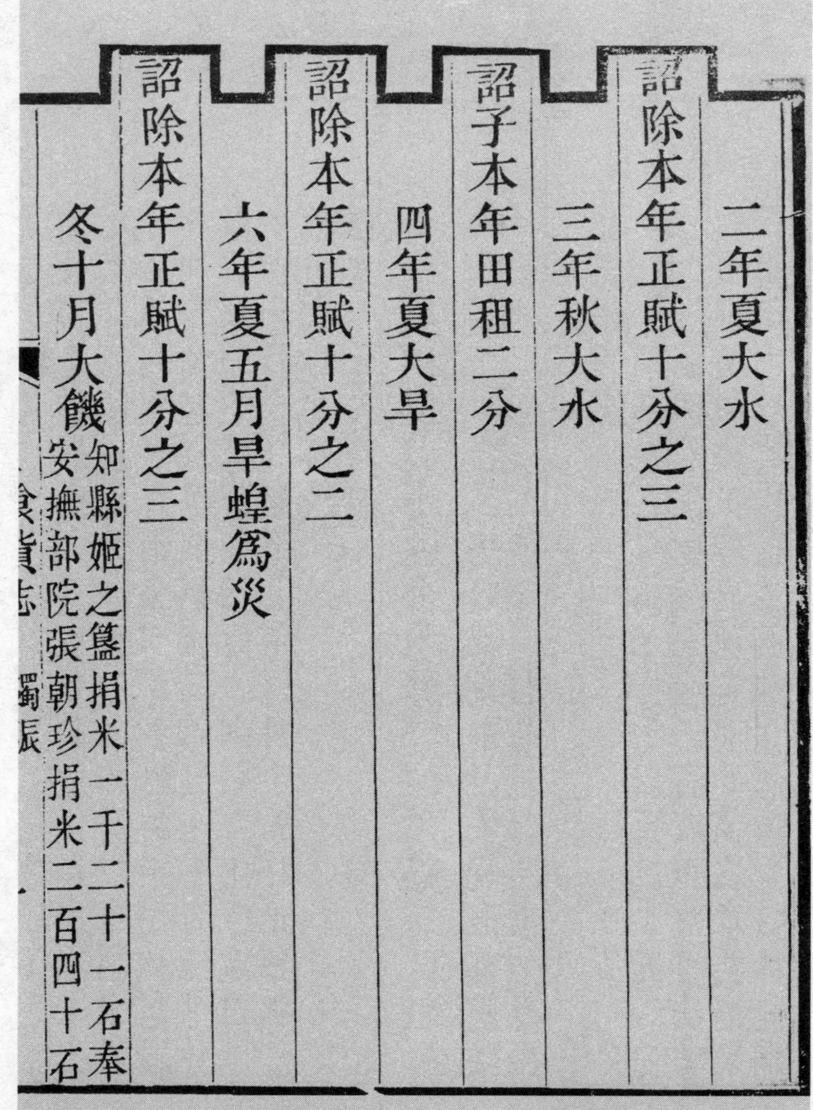

二年夏大水

詔除本年正賦十分之三

三年秋大水

詔予本年田租二分

四年夏大旱

詔除本年正賦十分之二

六年夏五月旱蝗爲災

詔除本年正賦十分之三

冬十月大饑知縣姬之篋捐米一千二十一石奉安撫部院張朝珍捐米二百四十石

布政司金鋐捐米六十石鳳陽道任長慶捐米六
十石知府陳寅捐米一百石同知高之章捐米六
十石通判劉洪祚捐米四十石鄉紳士民林起瀚
林冲雯劉廷瑞等共捐米二百九十七石二斗於
城關及開順隱賢等鎮設立粥廠二十三處自本
年十一月一日起至七年四月十五日止每口日
給米六合共賑過
饑民一千九百口
七年夏秋俱大水廬舍禾稼漂沒殆盡
總督部院郎廷佐安撫部院張
朝珍　題准親行踏勘知縣姬
詔除本年正賦十分之二
之篚挨數扣
除民沾實惠
冬大饑知縣姬之篚捐米一千四百二十五石安
撫部院張朝珍捐米二百石布政司法若
眞督糧道周亮工知府陳寅同知高之章共捐米
四百二十石典史張玹鄉紳林起瀚生員林起翮

等共捐米一百四十八石八斗於城關村鎮設立
粥廠二十四處自本年九月十五日起至八年四
月十六日止每口日給米六合
共賑過饑民一千五百九十口
十八年大饑路多餓殍人民相食奉
旨賑濟撫院徐公親至霍邱撫恤
三十八年蠲免地丁倉漕錢糧
三十九年夏大水照被災分數蠲免
四十二年蠲免地丁等項錢糧
四十四年夏秋大水禾苗半皆渰沒奉
旨賑濟

四十七年免江南通省人丁額徵銀兩其本年被
災安徽巡撫屬江寧巡撫屬應徵地畝銀共二百
九十七萬五千二百餘兩糧三十九萬二千餘石
一概免徵
四十八年丁地錢糧全行豁免
五十年霍邱六安合肥舒城霍山壽州六州縣並
廬州鳳陽右二衛秋災免地丁銀二萬八千五百
四十三兩有奇米麥九十二石有奇仍賑濟饑民
五十二年蠲免地丁錢糧

五十八年大水奉

旨蠲賑

雍正元年蠲免舊欠地丁米麥等項

五年七月大水諸山蛟水陡發平地丈餘廬舍漂没渰斃人民不可勝計知縣陳守仁四鄉踏驗設廠賑粥掩骼埋胔

八年免江南安徽山東廣東北直陝西山西六省丁地錢糧共二百四十萬兩

十三年豁免舊欠各項錢糧并十二年以前耗羨銀兩

乾隆元年各省民欠錢糧係十二年以上者奏請

豁免

三年秋旱賑銀二百八十一兩零賑米九千七百

九十四石零

六年秋水災賑米二千二百九十石零知縣劉標及闔邑紳士又公捐銀米設廠北門外祖師廟煮粥賑濟勷事生監許旭林稽姚起灝余崑劉愷王夢麟張希載陳天曉胡士豐楊晏等各盡心力煮賑三月全活本地及外來貧民數萬户

七年水災賑銀一萬四千九百六十三兩米八千

五百五十一石零

八年被偏災賑銀二百二十七兩零米二千二十
七石零
十年欽奉
上諭照康熙五十一年例將各省分作三年全免一週安
徽等省於丁卯年蠲免
十一年秋饑賑銀一萬一千五百九十六兩零米
五千六百四十四石零
十二年大水錢糧奉
特恩全免

十三年四月大風雨雹秋大水賑銀三千八百一十九兩零米一千九百六十六石零

十四年秋水災賑銀二千六百一十二兩零

十五年秋水災賑銀一千五百六十九兩零米四千五百一十二石零 知縣丁恕及闔邑紳士又公捐銀米設厰祖師廟賑粥勸事紳衿姚起灝王夢麒楊建極莫德明陳天曉汪家嗣姚起濬胡士豐陳文龍等同心協力共賑過本邑及外來民人十餘萬口

十六年

聖駕南巡免安徽省積欠錢糧三十萬五千餘兩

十七年夏旱災賑銀六千四百一十二兩零知縣張海

又捐己貲於十二月

內在城賑粥一月

十八年秋水災賑銀五千一十四兩九錢零知縣戴廷

掄及闔邑紳士又公捐銀米於

十二月內在城內外賑粥一月

二十三年災冬春共賑銀四萬九千二百七十二

兩六錢八分六釐

三十年災冬春賞給一月戶糧共銀五萬九千七

百四十三兩

三十一年欽奉

上諭應徵漕米省分照康熙年例槪免一次

三十三年秋旱災錢糧分別蠲緩仍賑饑民

三十五年欽奉

恩詔普免各省錢糧一次

三十七年災賞給一月口糧共銀一萬三千七百

五十六兩九錢

四十三年欽奉

恩詔輪免錢糧一次

四十七年水災共賑銀四萬二千六百七十四兩

五錢七分六釐

五十年秋被旱災錢糧分別蠲緩仍賑饑民是年冬春共賑銀十萬九千七百九十八兩二錢八分四釐知縣耿睿錫勸捐賑粥城内設粥廠二一在福昌寺一在南關山陝會館樂輸者邑紳何珣何班王綱周振魯張蹟齡張夢庚等董其事者邑紳胡蘭姚謙陳棅張著明張榮宗張日暄姚步揚曹鴻漸胡霞曙汪上元等西鄉三河尖理問潘士奎在本保地方捐貲賑粥全活饑民無算邑令申詳撫憲給有樂善好施額

五十一年欽奉
恩詔輪免漕糧一次

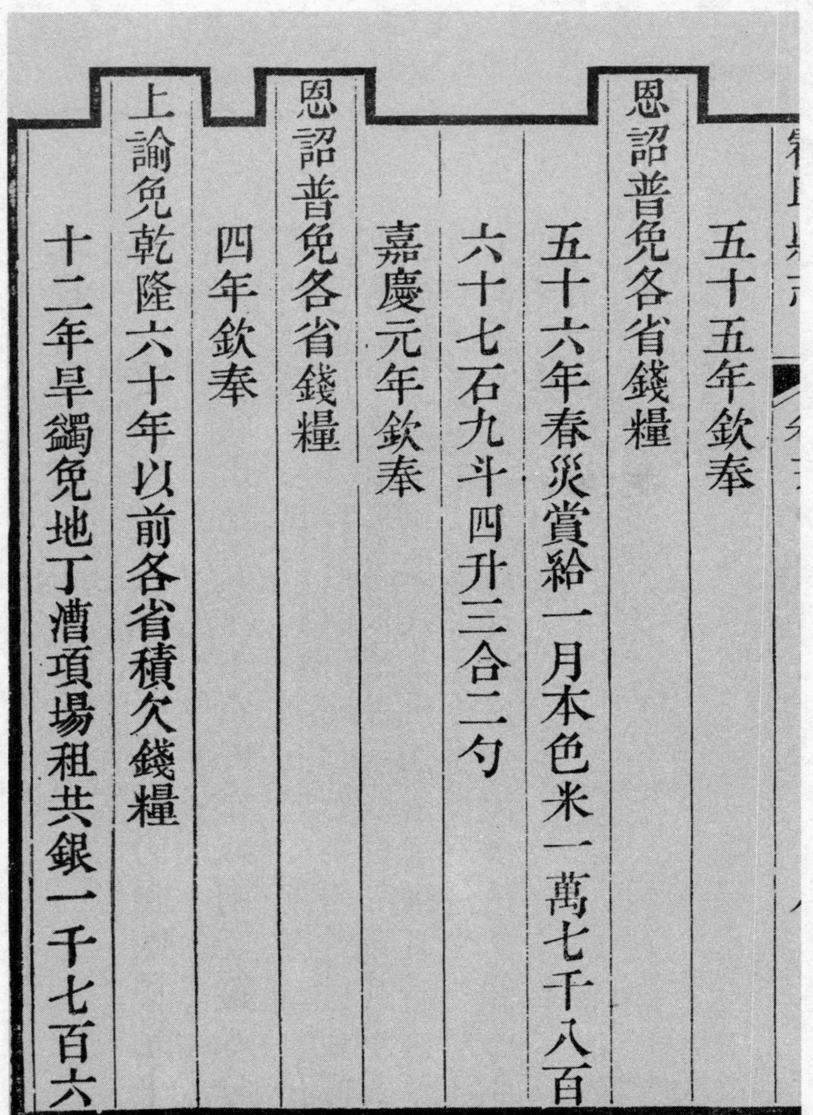
五十五年欽奉
恩詔普免各省錢糧
五十六年春災賞給一月本色米一萬七千八百
六十七石九斗四升三合二勺
嘉慶元年欽奉
恩詔普免各省錢糧
四年欽奉
上諭免乾隆六十年以前各省積欠錢糧
十二年旱蠲免地丁漕項場租共銀一千七百六

兩四錢二分二釐五毫賑銀七萬五千六百二十
六兩九錢
十六年秋旱蠲免銀一千六百六十七兩四分六
釐賑銀九萬五千一百三十二兩九錢六分
十九年旱蠲免銀三千三兩三錢三分三釐賑銀
六萬九百四十九兩九錢七分零
二十四年豁免一十六年至二十二年民欠丁地
正銀一千七百四十四兩九錢三分四釐一毫

惠老 附

災異

漢

建安元年江淮饑人相食

晉

元康四年淮南地震

宋

元嘉二十一年連雨百餘日

梁

大寶元年自春迄夏大饑人相食

隋

開皇九年江淮數百里絕水無魚

唐

貞觀八年淮南大水

永徽四年夏秋旱

總章元年江淮旱饑

嗣聖十八年地震

上元二年淮南大饑

貞元四年淮南及河南地生毛

長慶二年淮南饑

太和八年江淮大旱

咸通二年淮南不雨至明年四月大饑

九年江淮蝗旱

宋

開寶六年淮水溢渰民舍田禾甚衆

祥符五年江淮旱

天禧元年淮南蝗自死

天聖四年六月淮南大水

明道元年淮南旱饑

慶歷四年淮南饑

治平元年水

大觀三年江淮大旱
重和元年江淮水
紹興十八年淮南旱
嘉泰元年淮南旱饑
淳祐六年蝗
明
建文元年二月地震
永樂二年地震
七年泉水湧出三尖山

洪熙元年四月地震六月震十二月又震正統二

年大水

成化六年九月二十五日大雪至次年二月終始

霽道路不通村落不辨河水堅結禽鳥飛絶

十年春災

十二年辛亥地震有聲烈風拔木

十七年春二月地震夏五月大旱

二十三年旱大饑人相食

宏治元年旱大饑

二年大雪平地三尺人多凍死

六年大雪三月

八年十月地震

十二年大水

正德元年地震有聲烈風拔木

三年蝗大饑疫人相食

四年六月空中有聲自北來如數萬甲兵踰月方

止冬大雪樹皆枯死

十二年夏大水禾盡漂沒人多溺死

嘉靖元年夏蝗冬大饑氣暖如春果木皆華間有
實
二年春大饑疫人相食秋大雨三月
三年正月朔地震春大饑斗米千錢人至相食八
年蝗飛蔽天
十三年夏大水
十四年夏雹
十九年旱蝗
二十一年十月朔日食晝晦星見飛鳥歸林市皆

閉戶

二十二年春城西河水並城西南隅池水有花如畫菊三日始消

二十三年旱蝗

二十四年冬十二月地震

二十八年大荒

四十五年夏大水

隆慶二年冬地震有聲如雷

五年大疫

六年旱太白經天五月朔日食天地晦冥
萬歷元年四月雨雹
四年十月雷
八年元旦日有食之
九年春大饑
十四年旱大饑
十五年元日雷大雨如注春夏大饑
十六年春旱夏六月始雨
十七年旱自春至秋不雨淮水竭井泉枯野無青

草流亡遺道擔水千錢百物凋耗

五月二十三日午時天鼓鳴地震西北有聲

十八年春大饑

二十一年春大饑

三月烈風拔木覆廬壞舟壓溺者甚衆

秋七月大水

九月十二日地震自東南來有聲

冬大饑

二十二年春大饑人相食餓殍枕籍城市警盜晡

卽戒嚴

三十年正月大雪深五尺

三十一年大凶瘟疫盛行人死十之六

四十一年疫知縣全廷訓設醫藥療之

四十五年旱

四十八年彗星見

天啟元年春大雪平地深丈餘有白氣起於翼軫之次初如彗冬漸大自東北亘天至西北閱十日始沒狀如蚩尤旗

七年春恒雨

崇禎七年冬十月北方虹見守城刀槍出火

八年二月白虹貫天如連環者二日在環中交處無光又有白氣一道貫環與日中

九年四月雨連綿至八月淮水泛溢繫舟樹杪

十年冬木介先是大霧晦暝霧斂著樹皆冰雪狀若旗槍稜脊森然

十一年太白經天如疋練十餘夜

十三年旱蝗大饑斗米千錢人至相食

十四年春大饑夏四月疫秋末方止人死十八九

有闔家盡斃無人收斂者

十六年春二月二十日大風霾天地晝晦

三月復風霾

秋八月霪雨七晝夜

冬十二月三日丑時地震

國朝

順治二年夏大水

五年夏四月至六月不雨秋大水

六年夏五月淮河水陡從西北來平地數丈壞廬

舍溺牛畜瀕淮兩岸殆盡

十月朔日有食之晝晦星見

八年二月十六日丑時地震

九年大業陂忽生蓮藕冬大饑爭取作糜食之民賴以活

十二年秋水大業陂忽生魚一朝霧漫悉飛去

十六年大水禾稼漂沒無遺

十八年大旱赤土千里寸粒無收

康熙元年大水

二年夏大水

冬十月彗星見東南凡五十餘日始沒

三年春二月彗星復見秋七月大水

四年夏大旱

六月臨水鎮災

六年夏五月旱蝗爲災

六月太白晝見經兩月始沒是月十七日戊時地震自西北來有聲如雷城垣廬舍震塌者甚多而黃河以北尤甚

冬十月大饑

七年夏秋俱大水廬舍禾稼漂沒殆盡

冬大饑

十八年大饑路多餓殍人民相食

三十九年夏大水

四十四年夏秋大水禾苗半皆渰沒

五十年八月天鼓鳴旱

五十三年旱

五十四年旱

五十五年冬雪兩月積深三尺

五十八年大水

雍正五年七月大水諸山蛟水陡發平地丈餘廬舍漂沒淪溺人民不可勝計

乾隆三年秋旱

五年九月縣署災

六年秋水

七年大水冬十月十九日地震

九年旱蝗

十年彗星見

十一年秋饑
十二年大水
十三年四月大風雨雹秋大水
十四年三月地震秋水
十五年秋水
十七年夏旱
十八年秋水
二十三年旱
二十九年水

三十三年大旱秋蝗
三十七年大水
四十三年旱
四十七年旱
五十年大旱斗米一千一百有奇人相食民死十之四且有闔家斃者
五十一年夏大疫民死十之六甚至有闔家盡斃無人收斂者秋蝗又爲災
嘉慶十二年大旱

十六年大旱

十九年大旱斗米千錢人相食

道光二年縣南鄉七月十三夜蛟水起丈餘沿河

被災民房冲塌溺死者數千人

三年七月初十十一十二連日大風暴拔木秋禾

盡傷

【同治】霍邱縣志

（清）陸鼎斅、王寅清纂修

清同治九年（1870）活字本

霍邱縣志卷之十六

權知霍邱縣事陽湖陸鼎斅修

雜志

古有雜家者流然郢書燕燭以訛傳訛史所弗載也虞初小說干寶搜神雖博見聞究歸荒誕亦非志乘之體裁惟水旱兵戈下爲民隱所關上爲廟謨所急五行有禨祥休咎之應人事有政刑修省之宜思當年烽烟偬擾之難安益見今日太平有道之可慶是皆詳所宜詳也前邑志於各

類後附災祥兵事爲雜紀一卷今仍之按郡志有撫紀一類誌其散見者以備參閱今併增錄

祥瑞

晉

咸甯元年四月丁巳白雉見霍邱松滋

宋

天禧四年江淮稔

明

洪武五年淮南松木連理

嘉靖四十二年正月白鵲集於賓賢樓

隆慶四年五月城南麥秀两岐

萬歷十八年四月一麥两岐

二十三年開順鎮產靈芝

四十二年牛產麒麟渾身金錢落地出火民撲殺之

國朝

康熙四十九年大熟

四十四年八月二十二日邑人洪楷妻陳氏一產三男知縣孫毓瑛賜以粟帛

雍正七年大熟

乾隆四十五年舉報壽婦闞氏增生施錦妻年百零二歲　旌表建坊

四十七年舉報壽婦庠生張乃顯妻邑氏年一百零一歲　大憲詳請　旌表

欽賜貞壽之門建坊氏至五十一年卒亯年一百五歲

五十一年二麥大熟一莖雙岐多至三四歧

五十二年大熟

五十七年武生鄒鳳鳴妻張氏一產三男

五十九年縣南雙橋保店舉報耆英張藩同妻蘇氏
均年九十七歲覩見七代五世一堂　撫　會奏
欽賜九品頂戴黃緞一疋壽杖二根　撫二憲題匾曰五世
同堂題聯曰五世同堂父慈子孝兄友弟恭備極八
閒樂事百年偕老顏丹髮漆耳聰目明可稱地上行
仙藩子三長恩訓官年九十有五次恩學三文生恩
典俱年逾七旬
嘉慶四年大熟
五年大熟

十五年鍾家菴舉報壽民鍾玉年一百零一歲

十八年臨淮岡保舉報民人王文舉親見七代五世一堂

二十二年朱村灣保舉報壽婦薛氏監生晷大愷妻年一百歲親見七代五世同堂于朝純監生承基均亯高年孫九人曾孫七人元孫一人　督撫　會奏

欽賜貞壽之門七葉衍祥額坊銀三十兩米肉絹帛銀十兩大緞一疋

二十三年胡陂塘保舉報壽婦顧其義妻年一百歲

親見七代五世同堂子監生明德年壽亦高孫二人

曾孫二人元孫一人　撫　會奏

欽賜貞壽之門七葉衍祥額坊銀三十兩米肉絹帛銀十兩

大緞一疋

道光四年臨水鎮保舉報壽民余永茂年一百歲張

家塘保舉報壽婦李文灼妻湯氏年一百歲　撫

會題

欽賜如例

四年三劉集保民人王林仲妻袁氏一產三男

壽民臺峰年一百零四歲

壽婦楊氏一百歲

監生江有淇年九十二歲五世同堂郡守王公欽福

奬以盛世耆英額　撫　會題

欽賜如例

道光六年秋大熟稻雙米

咸豐十一年八月初一日日月合璧五星聯珠

同治二年麥兩岐秋大熟稻雙米

同治六年麥穗雙岐

同治八年太平寺保舉報壽婦牛氏王均士之母現年一百十五歲親見七代五世同堂耳聰目明洵

熙朝人瑞現擬詳請　轉　會題

同治八年潘氏現年九十歲

誥封一品夫人係　封建威將軍李德明之妻提督銜記名總鎮李振基之祖母也親見七代五世同堂現擬

詳請　轉　題奏

災異

漢

建安元年江淮饑人相食

晉

元康四年淮南地震

宋

元嘉二十一年連雨百餘日

梁

大寶元年自春迄夏大饑人相食

隋

開皇九年江淮數百里絶水無魚

唐

貞觀八年淮南大水

永徽四年夏秋旱

總章元年江淮旱饑

嗣聖十八年地震

上元二年淮南大饑

貞元四年淮南及河南地生毛

長慶二年淮南饑

太和八年江淮大旱

咸通二年淮南不雨至明年四月大饑

九年淮南蝗旱

宋

開寶六年淮水溢渰民舍田禾甚衆

祥符五年江淮旱

天禧元年淮南蝗自死

天聖四年六月淮南大水

明道元年淮南旱饑

慶歷四年淮南飢

治平元年水

大觀三年江淮大旱

重和元年淮南水

紹興十八年淮南旱

嘉泰元年淮南旱飢

淳祐六年蝗

明

建文元年二月地震

永樂二年地震

七年泉水湧出三尖山

洪熙元年四月地震六月震十二月又震

正統二年大水

成化六年九月二十五日大雪至次年二月終始霽

道路不通村落不辨河水堅結禽鳥飛絶

十年春災

十二年辛亥地震有聲烈風拔木

十七年春二月地震夏五月大旱

二十三年旱大饑人相食

宏治元年旱大饑

二年大雪平地三尺人多凍死

六年大雪三月

八年十月地震

十二年大水

正德元年地震有聲烈風拔木

三年蝗大饑殍人相食

四年六月空中有聲自北來如數萬甲兵踰月方止

冬大雪樹皆枯死

十二年夏大水禾盡漂沒人多溺死

嘉靖元年夏蝗冬大饑氣暖如春菓木皆華間有實

二年春大饑疫人相食秋大雨三月

三年正月朔地震春大飢斗米千錢人至相食八年

蝗飛蔽天

十三年夏大水

十四年夏雹

十九年旱蝗

二十一年十月朔日食晝晦星見飛鳥歸林市皆閉

戸
二十二年春城西河水並城西南隅池水有花如畫
菊三月始消
二十三年旱蝗
二十四年冬十二月地震
二十八年大荒
四十五年夏大水
隆慶二年地震有聲如雷
五年大疫

六年旱太白經天五月朔日食天地晦冥

萬歷元年四月雨雹

四年十月雷

八年元旦日有食之

九年春大飢

十四年旱大饑

十五年元旦雷大雨如注春夏大饑

十六年春旱夏六月始雨

十七年旱自春至秋不雨淮水竭井泉枯野無青草

流亡遺道擔水千錢百物凋耗

五月二十三日午時天鼓鳴地震西北有聲

十八年春大饑

二十一年春大饑

三月烈風拔木覆廬壞舟壓溺者甚衆

秋七月大水

九月十二日地震自東南來有聲

冬大饑

二十二年春大饑人相食餓殍枕藉城市警盜晡即

戒嚴

三十年正月大雪深五尺

三十一年大凶瘟疫盛行人死十之六

四十一年疫知縣全廷訓設醫藥療之

四十五年旱

四十八年彗星見

天啟元年春大雪平地深丈餘有白氣起於翼軫之次初如練冬漸大自東北亘天至西北閱十日始沒狀如蚩尤旗

十年春恒雨

崇禎七年冬十月北方虹見守城刀鎗出火

八年二月白虹貫天如連環者二日在環中交處無

光又有白氣一道貫環與日中

九年四月雨連綿至八月淮水泛溢繫舟樹杪

十年冬木介先是大霧晦暝霧斂著樹皆氷雪狀若

旗槍稜眷森然

十一年太白經天如疋練十餘夜

十三年旱蝗大飢斗米千錢人至相食

十四年春大饑夏四月疫秋末方止人死十八九有

闔家盡斃無人收斂者

十六年春二月二十日大風霾天地晝晦

三月復風霾

秋八月霪雨七晝夜

冬十二月三日丑時地震

國朝

順治二年夏大水

五年夏四月至六月不雨秋大水

六年夏五月淮河水陡從西北來平地數丈壞廬舍

淤牛斋滨淮两岸殆尽

十月朔日有食之昼晦星见

八年二月十六日丑时地震

九年大業陂忽生蓮藕冬大饑爭取作糜食之民賴以活

十二年秋水大業陂忽生魚一朝霧漫悉飛去

十六年大水禾稼漂沒無遺

十八年大旱赤土千里寸粒無收

康熙元年大水

二年夏大水

冬十月彗星見東南凡五十餘日始没

三年春二月彗星復見秋七月大水

四年夏大旱

六年臨水鎮災

六年夏五月旱蝗爲災

六月太白晝見經兩月始殁是月十七日戌時地震自西北來有聲如雷城垣廬舍震塌者甚多而黃河以北尤甚

冬十月大饑

七年夏秋俱大水廬舍禾稼漂沒殆盡

冬大饑

十八年大饑路多餓殍人民相食

三十九年夏大水

四十四年夏秋大水禾苗半皆渰沒

五十年八月天鼓鳴旱

五十三年旱

五十四年旱

五十五年冬雪兩月積深三尺

五十八年大水

雍正五年七月大水猪山蛟水陡發平地丈餘廬舍漂沒辦餼人民不可勝計

乾隆三年秋旱

五年九月縣署災

六年秋水

七年大水冬十月十九日地震

九年旱蝗

十年彗星見

十一年秋饑

十二年大水

十三年四月大風雨雹秋大水

十四年三月地震秋水

十五年秋水

十七年夏旱

十八年秋水

二十三年旱

二十九年水

三十三年大旱秋蝗

三十七年大水

四十三年旱

四十七年旱

五十年大旱斗米一千一百有奇人相食民死十之四且有闔家斃者

五十一年夏大疫民死十之六甚至有闔家盡斃無人收斂者秋蝗又為災

嘉慶十二年大旱

十六年大旱

十九年大旱斗米千錢人相食

道光二年縣南鄉七月十二夜蛟水起丈餘沿河被災民房冲塌溺死者數千人

三年七月初十十一十二連日大風暴拔木秋禾盡傷

三年冬旱

十年大水

十一年八月夜地震墻屋傾倒

十二年大水漂沒人民無算

二十一年六月初一日日有食之天地晦冥星見

咸豐三年南鄉各塘堰水忽傾側左邊見底右邊水高出埂數尺而不流俟又右邊見底左邊水高出埂數尺而不流

六年旱蝗

七年粤逆竄踞城池人民或死或逃二麥既熟不收五月瘟疫大作生者僅十之一二秋旱蝗田皆不耕

七月城復斗米千錢路皆餓殍

八年春人相食天雨麥豆人爭取食

八年秋彗星見西北約十餘丈

九年蝗不爲災有雀自西北來尾追而食之

十年蝗相接如綫而死不爲災

同治元年蝗

同治五年六月南鄉張家集保雨雹大如斗傷人

同治六年自春徂夏不雨城西湖涓滴無存知縣陸鼎斅虔禱龍神祠至五月十八日大風陡起是夜大雨如注補插秧苗秋仍半熟

同治七年九月十五日地震

（清）曾道唯等修　（清）葛蔭南等纂

【光緒】壽州志

清光緒十六年（1890）活字本

賜進士出身

賞戴花翎同知銜調署壽州事本任合肥縣知縣南豐曾道唯纂修

雜類志

祥異

漢文帝二年六月淮南王都壽春大風毀民室殺人（漢書五行志　按祥異徵應間詳史志茲不備錄）

安帝永初七年廬江九江饑（後漢書安帝紀）

桓帝建和元年二月荆揚二州人多餓死（桓帝紀　按五行志云是年旱）元嘉元年二月九江廬江大疫（五行志）

魏高貴鄉公甘露三年正月自去秋至此月旱初壽春秋夏常雨淹城而此旱踰年城陷乃大雨（晉書五行志　按是時司馬昭圍諸葛誕於壽春晉志載此以爲天亡誕之驗）

當屬今脩之譌非實錄也

晉武帝咸寗元年四月白雉見安豐宋書符瑞志　太康二年二月庚申淮南地震晉書五行志帝紀同　四年揚州大水武帝紀　五年九月淮南平原霖雨暴水霜殺秋稼五行志　六年十二月甲申朔淮南郡震電同上　舊志誤作惠帝元康六年三月甲申淮南郡雨雹　今按通志於四年下載壽春山崩地陷三十丈考此乃惠帝元康四年事通志將元字誤作太字故也

惠帝元康四年五月壬子壽春山崩洪水出城壞地陷方三十丈殺人六月壽春大雷山崩地坼人家陷死五行志　按惠帝紀所載四年五月淮南壽春洪水出云云與此正同兩舊志將帝紀之文複載於懷帝永嘉三年誤爲兩事今刪之　五年五月潁川淮南大水同上　帝紀云荆揚等六州大水　又元康中安豐有女子周世寗年八歲漸化爲男至十七八而氣性成同上　今按通志載太康六年安豐有女化爲男云云太字想是元字之誤集異志亦作元康

懷帝永嘉中壽春城內有豕生兩頭而不活同上

愍帝建武元年六月丁丑甘露降壽春宋書符瑞志　按是時元帝尚未即尊位故宋書仍稱爲

愍帝建武元年舊志改作元帝非是

元帝太興二年五月淮南安豐蝗蟲食秋麥晉書五行志永昌二年五月

壽春大水同上

明帝太寧元年五月壽春大水同上舊志於此下載穆帝永和閒五月壽陽不雨至於十月按晉書五行志穆帝永和元年五月旱五年七月不雨至於十月北史書水旱事不言何地者皆京師也是時都建康與壽陽無涉未知舊志何所據而云然刪謹以備考

孝武帝太元十五年三月白兔見淮南壽陽宋書符瑞志

安帝義熙二年四月壽陽獻白兔同上三年龍驤將軍朱猗戍壽陽婢炊飯忽有羣鳥集竈競來啄噉婢驅逐不去有獵狗咋殺兩烏餘烏因共啄殺狗又噉其肉惟餘骨存晉書五行志三月淮南地生白毛同上舊志誤作四年按晉末於江南僑立淮南郡治於湖舊志所載淮南事今爲分別存之

宋文帝元嘉二十六年二月庚申壽陽驟雨有回風雲霧廣三十許

步從南來至城西回散滅當其衝者室屋樹木摧倒宋書五行志舊志訛作晉元興二十六年按元興爲晉安帝年號元興二年即改元義熙亦無二十六年舊志又載元興三十五年二月己丑白麞見淮南太守王休獲以獻考符瑞志乃元嘉二十五年事又元興二十六年五月丙戌白麞見馬頭豫州刺史南平王鑠獲以獻亦元嘉二十六年事按宋淮南郡治于湖馬頭係淮南當塗縣地俱不在今壽州界內故與所載宋孝建二年白兎見淮南大明五年淮南松木連理並删又元嘉九年嘉禾生於壽符瑞志作義陽非壽陽又孝建八年二月白兎見壽春符瑞志無其事又十年七月乙丑淮南風災大水殺人乃晉義熙十年七月乙丑淮北事舊志訛淮北爲淮南並時代年號兩悉誤載今皆不錄

明帝泰始二年八月戊午嘉瓜生南豫州南豫州刺史山陽王休祐以獻符瑞志　己未豫州刺史山陽王休祐獻蓮二花一帶同上按宋書州郡志泰始間南失淮西復於淮東分立兩豫是時休祐爲豫州刺史兼領南豫諸軍事鎮壽陽獻瓜獻蓮先後二日之間所產處當不甚遠故並錄之

後廢帝元徽元年六月乙卯壽陽大水五行志帝紀同

順帝昇明二年木連理生豫州界內史劉懷珍以聞符瑞志按內史當是刺史之

訛或內字下脫刺字懷珍於元徽二年已爲豫州刺史

南齊世祖永明二年八月梁郡睢陽縣界野田中獲嘉禾一莖二十三穗南齊書祥瑞志四年四月甘露降睢陽縣桃樹上同上十一年九月睢陽縣田中獲嘉禾一株同上按宋書州郡志南梁郡睢陽縣郎壽春縣故地齊書州郡志梁郡無睢陽縣蓋當時已併入他縣祥瑞志則猶沿其故稱實壽陽也故錄之又按齊淮南郡亦治于湖凡舊志所載淮南郡事皆不錄梁代同

東昏侯永元元年七月辛未淮水變赤如血南史齊本紀舊志載東漢永元元年淮水變赤如血於前載此於後按漢之永元爲和帝年號後漢書紀志中皆無此事惟南史齊紀有之蓋舊志誤東昏爲東漢以致複載也今從南史刪正

梁武帝天監二年安豐得一角靈龜武帝遂作一鼎撥得龜處鼎錄舊志作元年六月安豐縣大水隋書五行志

魏世宗延昌二年五月壽春大水魏書靈徵志世宗紀同詳見名宦李崇傳

北齊後主武平四年壽陽城中青黑龍升天北史盧元傳

隋文帝開皇九年淮河數百里絕水無魚舊志中俱無此事未知所據按隋書北史紀志

唐太宗貞觀八年七月江淮大水唐書五行志十年淮海旁州大水同上

高宗總章元年江淮大旱同上

武后垂拱元年九月淮南地生毛或白或蒼長者尺餘遍居人牀下大如馬鬣焚之臭如燎毛同上

元宗開元十八年四月辛酉壽春獻白鵲舊志未知所據

肅宗上元二年九月江淮大饑人相食通鑑

代宗大歷二年秋淮南水災五行志五年壽州大水舊志未知所據

德宗貞元二年淮南河溢五行志四年四月淮南地生毛同上六年夏淮南大旱井泉竭人暍且疫死者甚眾同上七年壽州旱同上

順宗永貞元年秋淮南旱同上

憲宗元和元年夏壽州大水同上三年淮南旱同上四年秋淮南旱同上九

年秋淮南大水害稼同上十三年六月辛未淮水溢同上

穆宗長慶二年江淮饑同上三年淮南旱本紀

敬宗寶曆元年秋淮南旱五行志

文宗太和四年夏淮南大水害稼同上舊志載太和二年淮南李樹生檎按新唐書五行志太和二年九月徐州滑州李有華實可食無淮南李樹生檎事疑係舛誤今不錄七年秋壽州大水害稼同上八年夏江淮旱同上開成五年夏淮南螟蝗害稼同上六年夏淮南饑同上九年秋淮南饑同上

宣宗大中六年淮南饑本紀九年秋淮南饑五行志十二年八月壽州水害稼同上

懿宗咸通二年秋淮南不雨至於明年六月同上三年淮南蝗同上夏淮南饑同上七年夏江淮大水同上舊志誤作六年九年江淮旱蝗同上

僖宗光啓元年淮南蝗同上二年十一月淮南陰晦雨雪至明年二月

不解同上

昭宗大順二年春淮南大饑疫死十三四同上

南唐保大十五年三月辛丑晝晦雨沙如霧十國春秋 按是日清淮軍節度使劉仁贍卒

周世宗顯德六年淮南饑文獻通考

宋太祖建隆三年正月己巳淮南饑宋史本紀 舊志載建隆二年壽州獻白兔考宋史無此事今不錄 開寶五年河決壽州大水五行志 六年六月淮淠水溢同上 按建隆開寶皆太祖年號舊志俱誤作太宗

太宗太平興國二年八月壽州大水本紀 三年正月甘露降壽州廨五行志 按文獻通考露色如琥珀徧覆庭檜 三月壽州甘露降本紀 五年夏四月壽州風雹同上 安豐風雹五行志 八年五月河大決浸民田壞居民廬舍東南流入淮同上 雍熙三年壽州大水本紀 端拱二年二月甘露降壽州廨園柏及資聖寺檜五行志 按文獻通考露狀若華蘂色若凝脂 淳化五年秋壽州雨水害稼同上 至道

二年安豐縣民王構妻一產三男同上

眞宗咸平元年五月甲戌壽州貢綠毛龜一帝曰龜有毛者文治之兆舊志未詳所本 六年淮南水災五行志 景德二年九月淮南旱饑五行志參本紀 大中祥符三年淮南旱饑同上 四年六月丙寅淮南水災本紀 五年五月辛未江淮旱同上 六年夏四月庚辰江淮饑同上 七年淮南饑同上 九年六月京畿東西等路蝗蝻生七月羣飛翳空延至江淮五行志 天禧元年六月江淮大風多吹蝗入江海或抱草木僵死同上 四年江淮諸州稔本紀

乾興元年淮南路水災五行志

仁宗天聖四年九月江淮諸州軍雨水壞民廬舍文獻通考 明道元年淮南饑五行志 二年淮南饑本紀 寶元四年淮南旱蝗五行志 慶歷四年淮南饑本紀 皇祐三年淮南饑同上 嘉祐二年三月戊戌淮水溢同上 六年七月淮南淫雨爲災五行志 按文獻通考是年淮水溢

英宗治平元年壽州水同上

神宗熙寧六年淮南饑同上七年自春及夏淮南路久旱同上八年八月淮南路旱同上淮西蝗文獻通考元豐二年春正月壽州甘露降本紀四年五月淮水泛漲五行志

哲宗元祐八年自四月雨至八月晝夜不息淮南路大水同上紹聖元年淮南軍禾一本九穗文獻通考五年淮西路民田既刈復生實同上

徽宗建中靖國元年江淮旱本紀崇寧元年淮南蝗同上大觀二年淮南路大旱六月不雨至於十月五行志政和元年淮南旱同上重和元年夏江淮諸路大水同上宣和元年秋淮南旱同上四年淮南旱本紀五年淮南饑五行志

高宗建炎二年六月淮甸大蝗同上紹興元年淮南民流常州平江府者衆殍死同上四年安豐水害稼文獻通考十一年淮南饑五行志十三年淮

南饑本紀十八年冬江淮郡國多饑五行志二十二年淮甸水同上二十八年九月淮南水同上三十二年四月大雨淮水暴溢數百里漂沒廬舍人畜死者甚衆本紀六月淮南北郡縣蝗飛入湖州境聲如風雨自癸巳至於七月丙申五行志

孝宗隆興二年七月壽春大水浸城郭壞廬舍圩田軍壘操舟行市者累日人溺死甚衆越月積陰苦雨水患益甚淮東有流民同上乾道元年六月淮西蝗同上三年八月淮浙諸路多言青蟲食穀穗同上五年秋冬不雨淮郡麥種不入文獻通考七年春淮南旱五行志秋淮郡薦饑金人運麥於淮北岸易南岸銅鑼斗錢八千同上淳熙二年秋江淮郡縣螟同上淮東西饑文獻通考三年淮甸饑同上五月淮浙積雨損禾麥同上五年淮南旱五行志七年江淮郡皆饑同上九年七月淮甸大蝗同上十年六月江淮旱舊蝗遺育害稼文獻通考十二年淮水冰斷流五行志十五年五月

淮甸大雨水淮水溢廬濠安豐軍皆漂廬舍田稼同上

光宗紹熙三年七月淮西雨害禾麥文獻通考九月淮西郡國稼皆蕭於霜民大饑同上四年五月丙子淮西大水本紀　按文獻通考是年四月霖雨至於五月戊寅安豐軍大水平地三丈餘漂田廬絲麥皆空五行志五年冬亡麥苗淮西東郡國皆饑同上

寧宗慶元三年三月淮浙郡縣疫同上開禧元年九月丙戌淮水溢同上三年江淮郡邑水同上嘉泰元年兩淮旱本紀嘉定元年淮民大饑食草木流於江浙者百萬人先是淮郡罷兵農久失業米斗二千殍死者十三四炮人肉馬矢食之詔所在郡國振卹五行志　按通考時邦儲大匱郡計不支去者多死亦有爲濠豐餘虜所俘掠而北者是歲行都亦饑米斗千錢二年春兩淮大饑米斗錢數千人食草木淮民刲道殣食盡發瘞胔繼之人相揜噬流於揚州者數千家度江者聚建康殍死日八九十人同上八年淮浙江東西饑同上　按文獻通考

是年春旱首種不入至八月乃雨江淮閩告旱衢婺等州及安豐爲甚四月飛蝗越淮而南淮郡蝗食禾苗山林草木皆盡同上五月大燠草木枯槁百泉皆竭江淮杯水數十錢暍死者甚衆同上十一年淮浙江東饑饉亡麥苗同上按文獻通考是年秋不雨至於冬淮郡旱蔬麥皆枯十二年二月庚寅安豐軍故步鎭火燔民廬千餘家死傷於焚者五十餘人文獻通考十六年五月江淮郡縣水皆無麥禾五行志參通考

理宗淳祐二年五月兩淮蝗五行志

元成宗大德五年安豐霖本紀六年安豐濠州蝗同上

仁宗延祐元年八月安豐路水十二月安豐饑五行志七年四月安豐廬州淮水溢損禾麥一萬頃同上

英宗至治元年安豐饑本紀二年閏五月安豐路雨傷稼五行志三年三月安豐芍陂女直戶饑本紀

泰定帝泰定元年六月壽春縣旱 五行志 舊志載是年黃河南入於淮按黃河入淮災異甚小不應正史失載考元史紀志中皆無此事今不錄

文宗天歷二年安豐路屬縣蝻 同上 三年正月安豐饑 同上 至順元年二月安豐路饑 本紀

順帝元統元年夏兩淮大饑 五行志 二年春淮西饑 同上 至元元年六月壽州大雨水溢 舊志 二年淮西安豐縣饑 五行志 舊志載至正十九年壽陽蝗等文按元壽陽爲今山西太原府屬縣與壽州無涉故不錄

明太祖洪武五年二月淮南松樹連理 舊志

成祖永樂元年鳳陽饑 五行志 七年六月壽州水決城 同上 今按太宗實錄是年六月乙丑壽州言淮水決州請以時修築 十三年鳳陽旱 同上 二十二年二月壽州衛雨水壞城 同上 舊志誤作洪武二十二年

宣宗宣德七年壽州衛奏雨潦暴漲壞城 舊志 今按宣宗實錄是年八月己丑壽州衛奏近

城西有湖與淮相通比雨潦暴漲壞城二百餘丈乞發附近軍民修理從之

英宗正統元年壽州衞奏水漲壞城舊志 今按英宗實錄是年十二月癸亥壽州衞奏七月閒淮水泛漲壞西北城垣請修治從之 二年鳳陽淮揚諸府四五月淮河泛漲漂居民禾稼五行志 五年夏鳳陽蝗同上 六年夏鳳陽蝗同上 七年淮鳳徐州五月至六月霪雨傷稼同上 鳳陽蝗同上 八年秋雨饑蝗同上舊志作鳳陽蝗 十二年夏鳳陽蝗同上 十三年五月至六月鳳陽久雨傷稼同上

景帝景泰四年鳳陽饑鳳陽八衞二三月雨雪不止傷麥同上舊志四年上無景泰二字 五年七月廬鳳六府大水同上舊志七月上無五年二字 七年六月鳳陽大旱蝗同上

英宗天順四年七月淮水決沒軍民田廬同上 七年五月淮鳳大雨傷二麥同上

憲宗成化三年歲大饑舊志 四年鳳陽饑五行志 十二年八月淮鳳大水

同上十五年鳳陽旱同上十七年二月甲寅鳳陽廬州等處州縣同日地震同上十九年鳳陽淮安揚州三府饑同上

孝宗宏治六年三月大雪舊志八年三月己酉淮鳳州縣暴風雨雹殺麥五行志十三年十月戊申兩京鳳陽同時地震同上十五年八月庚戌鳳陽霪雨大風本紀十七年淮揚廬鳳洊饑人相食且發瘞胔以繼之五行志

武宗正德元年七月鳳陽諸府大雨平地水深丈五尺沒居民五百餘家同上三年廬鳳四府饑同上四年夏大旱蝗飛蔽日歲大饑人相食舊志七年鳳陽旱五行志九年六月甲辰鳳陽地震有聲廬鳳淮揚旱同上十二年鳳陽淮安諸府皆大水同上十三年廬鳳淮揚府饑同上十五年淮揚鳳陽州縣三十六旱同上

世宗嘉靖元年正月朔日鳳陽地震夏蝗舊志七月廬鳳淮揚四府同

日大風雨雹河水泛漲溺死人畜無算五行志 冬氣暖如春草木皆華閒有實者舊志 二年正月鳳陽地震五行志 四年八月癸卯鳳陽一衞三州縣地震聲如雷九月壬申復震同上 六年鳳陽旱同上 八年廬鳳饑同上 二十七年正月十一日雨木冰舊志 二十九年夏四月壽州城南麥秀兩岐同上 三十一年二月癸未鳳陽地震五行志 淮大溢舊志 三十二年廬鳳饑五行志 三十四年五月庚子鳳陽大冰雹壞民田舍同上 六月大水浸城深二丈月餘水始消舊志 是時知州鄭源彬竭力捍禦民得安堵 四十五年夏淫雨壞城人畜溺死者無數舊志 是時知州楊惟喬集舟筏以濟民獲全者甚衆

穆宗隆慶二年鳳陽大旱五行志 三年夏六月雨雹大如卵折木傷屋舊志

神宗萬曆元年淮鳳二府饑民多爲盜五行志 三年八月鳳徐四府州大水同上 七年五月鳳陽大水同上 二十二年七月鳳陽大水同上 四十年

南畿洊饑鳳陽尤甚（同上）四十五年五月甲戌鳳陽地震己亥復震（同上）二十四日鄉民夜擁集城中如狼奔鼠竄訛言鬼兵至（舊志）

莊烈帝崇禎七年有烏從北至類鵓鴿而兔足蔽天遍野十日而去（同上）九年正月初十日流寇犯城圍甚急城中刀戟皆吐焰如螢火且有聲尺寸鐵皆然次日賊望城上有神如關帝像遂引去（同上）十一年夜有白眚入人家逢者大病居民晝夜狂奔兩月始散（同上）十六年鳳陽地屢震（五行志）居民劉某家豕生象胡某家產驢一頭二身（舊志）十七年正月庚寅朔鳳陽地震（五行志）六月劉良佐廄中騾作人言（舊志）按明史史可法傳劉良佐駐臨淮壽州乃其所轄或當時行部至此

國朝順治六年壽州大水八年大有年十二年四月淮水漲是年甘露降於壽州

康熙七年鳳陽地大震七日乃止是歲水荒十七年大旱十八年淮

南大饑壽州更甚二十五年鳳陽等處旱三十七年鳳陽等府大水

四十四年秋鳳陽府屬水災

雍正五年七月十五日蛟水泛溢沿河人民沿沒者甚眾七年饑

乾隆元年水二年旱五年正月戊辰隱賢集東程長六家牛產麟六年旱七年水八年旱十一月朔雷電交作十一年水十四年水十五年水十六年旱十七年旱六七月間州之東南鄉有聽狐如狸夜入人臥內撲壓人身或嚙其手足肌膚或被爪破出血沿門遍戶鳴金伐鼓爆竹達旦連月乃止十八年水二十年大水二十二年水二十六年水以上俱見舊志三十三年旱四十年旱四十三年旱四十七年大水五十年大旱五十一年大水五十六年水

嘉慶七年旱十二年旱十九年夏大旱秋八月黃河溢由渦入淮淝潁皆溢沒田廬甚眾

道光六年五月大風折木秋雨水敗稼右自乾隆三十三年後俱見州案十一年大水秋地震十二年大水十三年大水饑饉載道正陽鎮舟子婦戴氏生子一身二首耳目口鼻悉具二十四年秋壽州星殞西方白氣亘天月餘不見大孤堆集木生連理三十年大水漂沒民居無算

咸豐元年壽州星殞二年壽州麥秀雙歧或三歧陶姓家產一羊兩頭八足四年王懷德妻劉氏一產三男五年壽州天雨黑豆夏大旱飛蝗蔽天禾稼俱傷七年壽州大水夏晝星殞其聲如雷紅白色長二尺周圍四尺農家一雞四足二足着地二足懸於尾八年壽州麥未種而生活饑民甚衆秋蝗蝻遍地生禾稼盡傷九年十年蝗蝻生撲滅之禾稼未傷

同治四年李生黃瓜五年壽州大水城不沒者三版田廬淹沒人畜溺死無數六年壽州大水麥秀雙歧八年壽州東淝水清四月大風

繼以冰雹壞房舍禾稼無數九年壽州大水東淝水清以上志稿
光緒四年壽州大水十一年十月星流如織十三年六月大風八月
河決鄭州由陳潁入淮淝水漲十四年七月壽州大水十五年六月
壽州大水七月大風

卷三十五
十一

【嘉慶】舒城縣志

（清）熊載陞、杜茂才修 （清）孔繼序纂

清嘉慶十二年（1807）抄本

祥異

唐

太宗貞觀十七年大疫次年疫

懿宗咸通二年秋不雨至明年二月蝗饑

宋

真宗五年大饑

元

武宗至大三年六月蝗

英宗至治元年八月大水饑

明

洪武二十三年四月間秦鳳宅雞巢生彩鳳鶴頸雞
味方背高足其毛五彩成苞如珠簇簇三日後苞
散爲羽錦繡遍身質如丹砂翅展如舞不飲不啄
人皆怪之而泯其事
正統五年大饑饑莩載道戶部主事鄭來學募民
出粟賑濟
景泰六年大饑人多相食
天順六年蝗
宏治六年秋九月十三日大雪至次年三月二十七
日止積深丈餘中有如血者五寸山畜枕藉而死

正德三年大旱

五年八月大雨水入城壞民田廬溺人畜

七年三月初六日星殞於棗林岡赤光焰天三月十七日流寇劉六等攻舒先是流賊擁衆數萬圍六安城三晝夜城將陷總兵仇鉞帥師擊破之賊敗奔突至舒城境報急值河水泛溢居民驚走爭渡溺死者甚多賊至洋萍陂土人韓榮率子有德等迎擊之賊遂東遁時官軍躡其後所過侵掠舒民之受害者甚慘

八年雨雹大如鵝卵或大如拳傷禾稼十二月河

冰厚二三尺往來人馬渡其上

十四年夏甘露降於儒學泮池棠梨樹

嘉靖二年夏旱秋淫雨歲大饑人相食斗米千錢餓死者枕藉於道上命户部侍郎席書會同撫按募民出粟周濟

三年春大疫民多喪亡秋大熟民始甦

七年八月中蝗厚尺許食穀幾盡

十二年冬十月八日丑時星隕如雨

十六年五月旱蝗飛蔽天人馬不能行落處溝壑皆平

十九年八月三日蝗厚二尺許樹有壓損者
二十一年七月朔日食既大星晝見
二十三年夏豕生異獸形如小象灰色長鼻生於
國學生孔宏澤家
二十四年春雞子岡有土人夢黃衣老嫗與語朝
鋤其地獲黃金數塊方而有文貧民亦有以無意
獲之者數月始盡
二十七年夏產五色芝一本於邑庠生張世熙卧
房中左柱下質勁色瑩後世熙發解
二十八年歲大饑先旱後澇斗米千錢盜賊蠭起

三十四年七月中甘露降於張鏳園中几上連三日三見八月中產紫芝一本於鮑侁園中周圍有金絲色

三十六年三月產紫芝二本於庠生潘流光西峯墩墓側

四十年閏五月大水暴溢壞民田廬禾稼盡傷

四十一年大旱饑斗米千錢

四十五年十二月二日大雪竟月方止積高數尺

隆慶二年七月十一日大雨十九日復大雨房舍傾圮漂沒人畜甚衆東南圩田渰沒民多逃亡

三年秋八月大風拔木壞廬舍禾稼

四年五月儒學生並頭蓮三本於訓導方顯德廨中

萬歷元年五月中夜雨雹大如鵝子積地二三寸經宿不化殺禾稼六月產並頭蓮於舉人李寀墅中秋大熟四年儒學復產重樓瑞蓮於訓導汪子謨廨中

五年九月二十五日彗出十一月二十日申未間無雲天鼓響於西南如雷轟白虹經天良久始滅

六年十一月大雪至次年初一日尤甚平地深數

尺浹月始霽

十年大水禾苗渰没

十七年大旱自正月至七月不雨升米百錢民多餓死邑令林材設廠賑粥存活萬人

十八年大疫死者枕藉於道

二十年歲豐斗米錢二十文

二十八年大水橋梁皆頹禾苗淹没

三十六年大水圩田俱渰没溺死者無算

四十五年蝗旱禾稼盡枯

四十八年旱彗星見於東方長竟天

天啟元年大雪自冬歷春深踰丈窮民凍死者甚衆

三年大水田多漂没

崇禎二年大水

八年旱流寇過舒掠桃城三河

十一年洪水巷井有聲

十二年蝗春流寇至秋再至

十三年蝗民大饑邑布衣朱國臣叩闕上書極言

其狀下部議蠲免是年練餉之半

十四年蝗飢人多相食翰林胡守恒設賑

十五年四月初三日叛將孔廷訓構賊陷城焚毁

殺戮之慘爲最烈翰林胡守恒罵賊死

國朝

順治二年秋大熟是年江南初定舒之避寇他徙者始漸次還里

九年二月十九日地震墻垣皆倒夏秋大旱邑人徐成美捐米五百石賑濟

十一年正月朔地大震秋旱鳳石山產靈芝數百本山爲胡文節公讀書處秋公子永亨領鄉薦至庚辰登進士

十五年大水

十六年大水

康熙七年地震異常民舍傾頹無算

九年夏大水田廬漂没人畜多溺死

十年大旱禾苗盡枯　撫院靳　題免本年田租十分之二

十一年春民大饑　撫院靳發米三百石賑濟邑令張文炳設粥賑之邑紳士捐募助賑夏四月蝗蝻遍野　撫院靳移文祭告城隍之神經宿蝗盡越境去投於湖是時連遭荒歉仍　題緩本年正供之半

十八年旱災　撫院徐　題免本年田租十分之
四
十九年春民大饑　撫院徐　題准蠲免
二十八年除漕項例不蠲免外本年丁地錢糧奉
皇恩全免
二十九年旱災邑令朱振詳請　題免本年田租
被災七八分者免二　九十分者免三本年冬奇寒
河冰數尺竹木凍死
三十八年六月二十五日洪水近河地方漂没民
舍

三十九年冬十二月大雪深五尺許民饑邑令沈以栻設厰賑粥

四十八年丁地錢糧奉
皇恩通行蠲免鳳折漕項仍舊徵收

四十九年水災於七月十三日夜蛟水泛漲平地水深數尺溺死人民倒塌房屋不計其數邑令周振舉詳報奉
旨蠲免被災者見十免二共銀一千六百七十兩一錢五分零本縣及　府　司　院各捐俸賑濟

五十年旱災

五十三年旱災本縣詳報奉
旨蠲免被災者見十免二銀五千一百四十一兩五錢六
釐零撥倉廩賑濟饑民
五十七年自十二月二十二日大雪深丈餘塞戶
填門
六十一年秋北在兩鄉旱災邑令蔣鶴鳴詳請奉
旨蠲免十分之一二銀三百九十九兩八錢八分零撥倉
廩賑濟饑民
雍正元年八月十二日飛蝗蔽天落地厚數尺邑令
蔣已調繁江都猶捐俸諭民捕之除掘坑畀火外

煮死積署前者數百石一夕出境
二年三月二十八日蝗蝻遍野溝壑皆平飛壓樹
墜如毬毬十數日遮天蔽日而去
四年五月初十日午刻大風拔木合抱數圍者皆
折落雪雹大如雞卵飛沙走石屋瓦蓬席多捲去
十月初五日夜大雷電雨傾盆發水
五年五月初四日洪水田禾淹没補插纔遍忽七
月十三四日狂風大雨急驟不休山腰平陸多出
蛟至十五日子時西南山水陡發萬丈平地水深
數尺山圩田廬淹没厝柩墳塚漂流溺死者以數

萬計至浪打沙淤屍沉水底無蹤跡者不計其數邑令趙詳請奉
旨蠲免凡被災者田畝正項銀一千九百九十三兩一錢一分四釐
八年春雨連綿四月初八日山水暴漲圩破壞墻屋幸未栽插田禾無恙
雍正九年象山孝子賈又彪墓田出稻較常粒四倍佃人亦不知何來斗田內約計升餘其子貢生彬上之邑宰陳侯侯心異之旋付 先農壇佃作種以供粢盛嘉穀之瑞

聖澤涵濡所致也以上舊志

乾隆三年大旱秋禾被災邑令黎志陞詳請奉
旨蠲免銀四千三百九十二兩四錢有零米七百四十五石二斗六升有零

四年洗馬灘禾出雙穗黍一莖穗九十邑令李庚星詳報 上憲

十三年旱荒

二十年大水

二十一年春荒大渡

二十四年蝗

二十七年十月朔日食旣

二十九年地震夏大水無為州四壩破饑民至舒
就食露處者徧野

三十五年十二月二十日地震

三十六年彗星見於東方

三十八年大水

四十四年八月初四日大水沿河一帶溺死者以
千計漂没房宇無算邑令海桂詳請本　藩憲發
銀七十七兩助民修理海令又捐銀益之

四十六年大有年

四十七年五月水圩田補插晚禾秋大熟
四十九年旱
五十年大旱春夏雨澤短少栽種僅半自五月至
八月不雨禾苗枯死穀價騰貴九月末雨雪冬大
荒民多掘草根剝樹皮為食　藩憲陳奏請奉
旨蠲免地丁銀七千四百八十六兩有零漕米五百九十
五石一斗有零又發帑銀四萬二千九百八十一
兩有零賑濟饑民
五十一年春大饑升米錢七十餘道殣相望賣妻
鬻子者無數夏大疫死又什之三麥熟田中至有

無人收刈者秋熟民始稍甦
五十三年水
五十五年七月二十八日大風雨山水陡發沿河
一帶多罹水災邑令王齊詳請蠲緩征錢糧
五十七年大風折隍廟屋角
五十九年有年瑞雪盈尺
嘉慶四年水
五年水
六年大水圩坂禾苗淹沒殆盡
九年秋有年穀貴

十年春穀騰貴斗米錢四百餘秋有年穀仍貴

（清）呂林鍾等修　（清）趙鳳詔等纂

【光緒】續修舒城縣志

清光緒三十三年（1907）活字本

續修舒城縣志卷五十

志餘

祥異表

按今纂紀祥異一門開首尚有晉梁及五代四事舊志皆本無廬江郡治所有不盡著於舒也惟引十國春秋舒令徐仲寶見白氣得玉蝶一枚應入舒志而事涉誕妄無關勸懲概從刪削斷自李唐以後至於今茲爲表詳於災異而略於祥瑞仿春秋例大書水旱饑饉間載一二大熟有年固深冀賢有司遇災而懼側身修行且願都人士明於休咎感召之理而瞿然以興也

異	祥

年	事	
太宗貞觀十七年	唐 大疫	
十八年	疫	
懿宗咸通二年	秋不雨春伏汪不書旱不為災也	
三年	二月螽饑	
眞宗五年	宋 大饑	

武宗至大三年	英宗至治元年	正統五年	景泰六年	天順六年
元 六月蝗	八月大水饑	明 大饑	大饑人相食	蝗

年	事
宏治六年	九月大雪深丈餘至次年三月始霽
正德三年	大旱
五年	八月大雨水入城內壞廬舍溺人畜無算
八年	雨雹大如鵞卵傷禾稼是冬河冰厚三尺
嘉靖二年	夏旱秋霪雨饑人相食斗米值千錢

三年	七年	十六年	十九年	四十年
春大疫	八月蝗落地厚至尺許	五月旱蝗飛蔽天日人馬不能行蝗地平溝壑	八月三日蝗厚積尺許樹有折枝者	閏五月大水壞田廬禾稼無算
秋大熟				

年	事
四十年	大旱饑斗米千錢
四十五年	十二月大雪竟月不止深數尺
隆慶二年	秋七月大雨漂廬舍人畜甚衆東南圩盡決民多淹亡
三年	八月大風拔木
萬曆元年	五月望夜雨雹大如鵝子積二三寸經宿不化

六年	十年	十七年	十八年	二十年
十一月大雪至次年正月不止平地深數尺	大水傷禾稼	大旱自正月至秋七月不雨斗米千錢民多餓死	大疫死者載路	
				大有年

年份	事
二十八年	大水壞橋梁田禾無算
三十六年	大水沒圩田漂人畜無算
四十五年	亢旱禾稼盡枯
天啟元年	大雪自冬至春深逾丈民多凍死
二年	大水壞田禾無算

年	祥異
崇禎二年	大水
八年	旱
十二年	螽
十三年	螽
十四年	螽饑人相食

國朝

年	上欄	下欄
順治三年		秋大熟
九年	夏秋大旱	
十一年	秋旱	
十五年	大水	
十六年	大水	

康熙九年	十年	十一年	十八年	十九年
夏大水漂田廬人畜甚衆	大旱	春大饑穀不熟曰饑春紀大饑則不僅無麥矣	旱	春大饑

年	事
二十九年	旱是年冬奇寒河冰數尺竹木凍死
三十八年	六月大水近河居民多被淹
三十九年	冬十二月大雪深五尺許居民多壓斃
四十九年	七月十三蛟平地水深數尺漂沒人畜廬舍無算
五十年	旱災

五十三年	五十七年	六十一年	雍正元年	二年
旱災	冬大雪深丈餘居民戶多壓	秋旱災	八月螽飛蔽天日落地厚數尺	三月蝗蝻生遍野平溝壑數日飛去

年份	事	
四年	五月大颶拔木初十日午刻雹如卵十月大雷電雨集霰	
五年	七月大雨蛟平地水深數尺壞廬舍民溺死以萬計	
八年	四月大水	
乾隆三年	秋大旱	
十三年	旱饑	

二十年	二十一年	二十四年	二十九年	三十八年
大水	春饑大疫	螽	夏大水	大水

年份	災異	豐歉
四十四年	八月大水沿河居民溺死以千計	
四十六年		大有年
四十九年	旱	
五十年	大旱五月不雨至八月禾稼枯穀貴冬荒	
五十一年	春大饑夏大疫	秋熟

年	上	下
五十三年	水	
五十五年	秋七月大水	
五十七年	大風折城隍神屋角	
五十九年		有年
嘉慶四年	水	

五年　水

六年　大水壞圩畈田禾盡沒

十年　秋有年穀貴

十九年　大旱冬大饑

二十一年　春大饑

道光元年	三年	十一年	二十一年	二十二年
	夏大水	夏大水	夏大水	春正月大雪平地數尺秋大水
大有年				

年	祥異
二十九年	夏大水平地深數尺漂沒田廬
三十年	夏水大疫
咸豐元年	春田菜結實如刀槍形
二年	五月地震大風拔木屋瓦皆飛
三年	春日無光秋大水是年城陷

年	事
五年	夏地震水無風波自揚
六年	冬桃李花民苦旱且蝗
七年	春大饑七月大水田廬漂沒斗米千錢
八年	饑
九年	蝗蝻生

年份	事	年成
十年	五月寶陽門樓傾	
同治元年		大有年
五年	水	
九年	歉	
十年	水	

年	祥異
光緒二年	夏有妖術翦男女辮髮
三年	冬大雪
六年	秋雨黑豆小如綠豆其味苦
七年	四月壬辰朔日旁見星秋地震
九年	夏雨雹豆

十年	十二年	十五年	十七年	十九年
正月丙子朔雷電	冬大雪平地深六尺鳥獸多凍死	八月蝗晚禾均受傷	旱蝗	
				大有年

年	祥異
二十年	春二月災城內外延燒七百餘家
二十一年	夏水秋七月旱
二十三年	五月十三日暉川左右漲圻大水
二十四年	夏大水入城
二十六年	夏四月黃霧四塞冬雷

年份		
二十七年	夏水	
二十八年		秋大有
二十九年	歉	
三十年	十二月十二日巳刻雷電交作竟日不止	
三十一年	三月十五日大雨雹	

【光緒】霍山縣志

（清）秦達章修　（清）何國佑、程秉祺纂

清光緒三十一年（1905）活字本

霍山縣志卷十五

雜志 祥異 補遺 刊誤 原修姓氏

祥異

漢元封五年帝在南嶽祭灊霍山上無水廟有四鑊可容水四十斛祭時水輒自滿事畢即空每歲四祭後但一祭一鑊自敗江南通志

東晉義熙十一年霍山崩獲銅鐘六枚制度精奇上有古文書一百六十字江南通志 宋符瑞志

梁天監二年二月乙卯廬江灊縣獲銅鐘二

隋開皇十六年霍州有老翁化爲猛獸

唐建中二年霍山裂長慶四年夏霍山山水暴出唐五行志

宋開寶六年淮淠水溢渰民田廬

元至正五年霍山崩

至正十二年冬霍山崩前三日山如雷鳴鳥獸驚散隕石數里今山南崖壁有頹落痕

明宏治六年九月十三日大雪至七年三月是年霍始立縣積深丈餘中有如血者五寸獸畜枕藉而死

正德三年霍山旱冬雪化赤道殣相望

嘉靖十九年秋蝗落地二尺樹多壓損

二十二年三月六日西山雨雹大如鷄卵殺稼篃竹結實

居民掇取療饑

四十一年山水暴溢壞民田廬

隆慶三年秋大雨山谷伏蛟盡起水溢入城市人作筏以

濟漂溺無算水退積屍盈野耆老朱昱捐資瘞之

案蛟夏雷雨之交雉卵蟻子感龍蛇之氣皆可入地爲

蛟伏數十年遇雷雨卽發發則决山漫谷挾水而下所

過爲殃伏蛟之處其土多不積雪尋掘可得故月令伐

蛟於冬誠宗其法率行之民可永無水患是亦王政之一端

萬歷十四年大水此隆慶三年高三尺爲害益甚

十五年五月二十九日蛟龍大作水流如雷漂沒人物無數秋霖禾稼無遺

十六年正月霪雨至春莫乃止夏秋大旱稻菽盡壞

十七年又大旱升米百錢道殣相望

四十三年地震逾月旱蝗穀價騰貴次年蝗復如之

四十六年三月有大風自西北來伐竹折木屋瓦皆飛大

雨如汪雜氷雹巨若雞卵

泰昌元年冬大雪四月乃止積與簷平雪上多黑點如煤謂之黑雪

天啓七年四月霍山縣路旁沖出劉伯溫碑記生出西山馬鄒鄧貴州鞍殺盡五溪苗踏破大元關天啓命逢下甲子黎民塗炭饑荒死□輩道從民大亂定國安邦血流楚只恐木上生銅鐵是是非非方信武 趙吉士寄園寄所寄

崇禎六年五月霍山縣有木甑飛墮不知所自來同日有鐵斧飛落霍山縣 明史

崇正十三年大旱蝗盈尺飛撲人面堆衢塞路踐之有聲至秋田禾盡餓疫癘大作行者在前仆者在後兵荒洊迫民生愈蹙

十四年旱蝗更甚野無青草人相食次年春斗麥千四百錢山中草根樹皮皆盡有易子析骸以食者

國朝順治八年四月蛟發南山上青一帶水勢滔天澗狹不能容漂沒人畜以盤量北河水犯城壞城垛十七處復裂城垣二十餘丈滲城内一晝夜始退

九年元旦之夕地震有聲屋瓦皆墮十四日復大震牀如

掀鏟碗碟自碎州界石橋盡裂廟中塑像有斷頭仆地似刀截者自三月不雨至於七月居民採橡掘蕨爲食

康熙十八年大旱

三十一年大旱

五十年夏旱秋八月大雨蛟發壞田廬民多漂溺

五十三年旱蝗

雍正五年七月十三日大雨十四日中刻水入城亥刻西南諸山蛟盡發水高數丈漂沒田廬人畜無算

十年大水

乾隆三年大旱

二十年秋七月有蝗自州入縣東北境止集林木不傷禾稼未及城而滅

三十三年霍嵌入州境之千工堰地方被旱本境内旱不成災

三十四年春饑斗粟千錢民掘莩根採榆葉爲食十二月二十日地大震日數百起自是間數日輒震經七八年乃止

五十年大旱川竭草枯有以千五錢易粟一斗者民掘草

根樹皮以食道殣相望

五十一年春蝗蝻大作綴樹塞途愈撲愈多忽天飛黑鵲

地出青蛙噬之殆盡二麥成熟

五十九年五月二十七日大雨雹

嘉慶六年七月大水

七年旱

十三年閏五月朔大雨至十二日南山蛟起水勢洶湧壞

民廬舍田地溺人畜無算

十九年大旱

二十二年六月大水 以上舊志

道光五年西鄉黄鸝畈農人何某兄弟於初秋搆蝸廬仙人崖上防野豕食禾望夜出視見皓月當空忽動搖不止正駭異間陡墜落西數里馬家坊間紅光自天屬地光芒映射草木土石絲微皆見某急入呼其弟出視則月已入土土盡殷明透漸大漸淡一小時頃天地全黑驚怖莫知所以乃相攜摸索歸爲人輒言之未有明其故者或曰此月華也後其地有何氏創宅名其村曰月華

道光十三年大水

十五年西山蝗傷苗十之三
十九年春有蝗自西來飛蔽天
二十一年五月大水四山蛟起傷田廬人畜甚眾七月蝗不爲災
二十三年大饑斗米千錢
二十五年旱
二十九年夏大水
三十年五月二十九日大雨滂沱山水瀑漲城內外水深數尺六月初一日積水未退西南兩山萬蛟忽發奔流激

湍水勢更高二尺

咸豐三年十一月縣西山桃李華竹筍成林

四年十一月初五日酉時塘水無風迭爲起落逾時始定

六年大旱自五月不雨至八月郡邑數百里盡赤居民祈禱不應縣西千羅士人求雨甚勤居士黃雲錦率弟子爲文禱之烈日中雨注數次數十里外雨止如劃明歲大饑五保災獨減神降乩謂居民好善所感山田有泉永者間收十之二三時豬肉每斤二三十文旅肆輒於飯中藏肉以售食者草根樹皮掘剝殆盡加之兵燹民生益蹙實爲入國朝來第一苦歲

七年春大饑斗米千五百錢六月蝗入境不爲災秋大水低田禾稼復壞

八年春民饑更甚夏大疫蝗蝻復作災民填溝壑者相藉存者大半鬻妻子以自活

同治十一年四月大風拔木屋瓦皆飛

八年秋淫雨禾自死野豕連歲害稼數十成羣民甚苦之

光緒八年五月初六日大雨驟至蛟水暴漲溺人畜無數禾稼盡淹成災賑卹如例

十二年十一月二十日夜半天空衆星閃竄潦亂如隕如

織移時甫定

十三年大雪平地五尺山谷深丈餘居民不通往來

十五年六月十五日民間訛言寇至紛紛逃竄洶動數百里是夜即定按訛言自西北而東南一日數百里莫詰其所由起近年又訛言某處大瘟疫人死盡募民間舉居民紛紛爭往觀此二事足見民氣之浮易動而難定良由地力瘠產業微無所資以土著也

盡

十七年蝗知縣程仲昭率民捕之次年收買蝗子遺蝻遂

二十三年秋霖雨多日稻芽於田多腐爛不可收西鄉紳某屢函請知縣陳藻華報災藻華漠然不恤災次年春靈

雨壞二麥於是歲大饑斗米千餘錢流離餓殍相望於道倉穀少不足以濟各鄉紳民設平糶局運湖南江西米數百里負擔絡繹不絕民賴以生是年秋大熟按此次凶荒不獨米貴柴菜鹽肉無不騰踴蓋山此年不登積藏盡罄故春麥一壞民幾淘淘欲動設非秋成在望雖有鄰糶亦莫濟錢荒之困矣父老以為此次凶荒視咸豐七年尤甚特少兵燹耳可歎也

二十五年除夕有光如電自西北起閃灼照耀如晝

二十九年秋箭竹結實

冬十二月連日白虹起東北大雨雷電交作百草怒生

三十一年春三月望日大雨雹如卵壞廬舍殺雞兎晝晦

自未至酉

（清）王天民等修　（清）張文峙等纂

【順治】潁州志

清順治十一年（1654）刻本

州志之一卷

郡紀一 全卷

撰自上古迄于今日代遠事湮史缺有間昔人就疆域沿革及戰守祥異事關一郡大體者節錄為紀首列于篇覽者謂其提綱挈領觸類包舉凡牧茲土者原始察終因時經畫咸得大觀劑補救之方此彷遷固遺意以昭永鑒以弘王化無異義也故因厥編年之體備其始事續以

近代擇善而從餘所損益可例推矣

帝嚳受之顓頊創制九州州統理蔣國河南曰豫州東

南爲潁 通志

唐堯之興因顓帝所建爲九州河南爲豫東南爲潁

虞舜肇十有二州潁隸豫如唐

夏禹復九州

商湯奄有九有制如夏

周初分天下爲九畿至成王時亦曰九州潁皆隸豫

春秋時潁爲胡子國西一百二十里爲沈子國東三

百里爲州來 左傳

周襄王十八年春魯叔孫得臣會晉人宋人陳人衛

人鄭人伐沈沈潰 春秋

定王八年魯宣公十年也楚子伐鄭晉士會救鄭逐

楚師于潁北

簡王二年吳入州來

靈王九年諸侯戍鄭虎牢楚公子貞帥師救鄭鄭夾

潁而軍

景王十六年吳滅州來

敬王元年秋七月戊辰吳敗頓胡沈蔡陳許之師于

雞父胡子髡沈子逞滅獲陳夏齧

十四年夏四月庚辰蔡公孫姓帥師滅沈以沈子嘉

歸殺之

二十五年二月辛丑楚子滅胡以胡子豹歸

二十七年十有一月蔡遷于州來後楚滅蔡州來屬

楚 春秋

秦制天下郡四十潁爲潁川郡地

兩漢爲汝陰縣屬汝南郡

元帝初元五年夏及秋霖雨連旬壞郵民舍及水流

殺人

和帝永元十二年六月大水傷稼

安帝元初二年潁水化爲血 按京房占曰水化爲血兵且起

元光二年三月丙申大風拔木

三國魏置汝陰後廢
晉泰和二年復置汝陰郡
元康四年十一月汝陰地震
東晉汝陰制如魏
元帝後北境漸蹙地陷于劉曜石勒
宋置西汝陰郡
世祖大明二年三月壬子西汝陰樓煩平地出醴泉
豫州刺史宗慤以聞
明帝泰始三年魏鄭羲元石攻汝陰汝陰太守張超
城守石等率精鋭攻之不克

南齊仍置西汝陰郡

梁武帝大通二年陳慶之破魏潁州刺史婁起

魏孝明帝孝昌三年置潁州武泰元年陷

西魏遣大將王思政入據潁州東魏高岳堰洧水灌

城圍之潁陷

東魏静帝元象元年大行臺侯景率豫州刺史堯雄

等相會俱討潁州梁回等棄城遁潁州平

武定五年正月司徒侯景反潁州刺史司馬世雲以

城應之景入據潁

七年五月魏克潁州初沙門誌公于大會中作詩曰

兀尾狗子始著狂欲死不死齧

人傷須臾之間自滅亡患在汝陰死三湘橫尸一旦無人藏景小字狗子後景敗于三湘果驗

頴州長史賀若統執刺史田迅據州降後周

隋置汝陰郡領縣五汝陰潁陽清丘頴上下蔡

煬帝大業三年夏四月賊帥房憲陷汝陰郡

唐初置信州武德四年罷頴州領縣四汝陰頴上下蔡沈丘

高宗永徽四年夏秋旱光婺滁頴等州尤甚

肅宗乾元元年隸淮南西道二年廢淮南西道置陳鄭節度使以頴亳陳鄭隸上元二年廢陳鄭節度以陳鄭頴亳隸淮西

寶應元年隸河南節度

大曆四年殺潁州刺史李岵時令狐彰爲滑亳節度使性猜阻忮忍怍者者死潁州刺史李岵遣姚奭代之戒曰不時殺之岵知其謀因殺奭死惡百餘人奔汴州上書白言彰亦劾之河南尹張延賞畏彰留岵使不遣故彰書告聞斥岵夷州殺之出彰傳

是年以潁州隸澤潞節度十四年以潁州隸永平節度方鎮表

德宗建中元年置宋亳潁節度號宣武軍自是地專于宣武方鎮表

貞元四年淮南及河南地生毛

憲宗元和十四年七月戊寅韓弘以汴宋潁亳歸于

有司

懿宗咸通元年潁州大水

二年秋淮南河南不雨至于明年六月

三年夏淮南河南饑

九年十二月龐勛破下蔡

僖宗廣明元年黄巢圍潁州刺史欲以城降時段秀實孫珂居潁募少年拒賊衆褁糧請從賊潰拜州司馬

中和三年以朱全忠爲宣武節度使復專潁

哀宗天祐二年五月潁州汝陰民彭文妻一産三男

五代相襲皆爲潁州

後唐長興三年七月諸州大水宋亳潁尤甚

後漢乾祐二年潁州進白鹿

周顯德三年潁州進白兎又進白烏

宋初置汝陰郡舊防禦使後爲團練開寶六年復爲防禦元豐二年以順昌軍爲潁州節度隸京西北路政和六年改順昌府

大祖建隆二年詔發陳許丁夫數萬浚蔡水入潁

六年潁州水溢渰民舍田疇甚衆

寶元年秋七月丙申北漢潁州砦主胡遇等來降

二年潁蔡陳宋亳宿許州水害秋苗

四年白露舒汝廬潁五水並漲壞廬舍民田

六年六月潁淮渒水溢渰民舍田疇甚衆

太宗太平興國二年六月潁水漲壞城門軍營民舍

五年五月潁水溢壞堤及民舍

是年潁州獻白雉

宋雍熙間強胡屢爲邊害天子念守兵歲廣乃遣議臣東出宿亳至壽春西出許潁轉陳蔡之間至襄鄧得田可治者二萬二千頃欲脩耕屯之業而任事者破壞其計故功不立

淳化四年秋陳潁泗壽州雨水害稼

真宗咸平六年潁州獻白麂

天僖二年二月甲申潁州石隕出泉飲之愈疾

三年正月晦潁州沈丘縣民騤新園間震雷頃之隕

石三入地七尺許

英宗治平元年陳潁唐泗濠楚廬壽俱有水災

是年潁亳州旱

神宗元豐二年九月癸未降順昌軍囚罪一等徒以

下釋之

高宗紹興七年宗弼爲右監軍復取河南戰于潁州

漢軍少都

是年岳飛劉安世襲攻穎郡皆響應

十年五月壬寅金人圍順昌府東京副留守劉錡引

兵力戰敗之乙巳劉錡遣將閆充敗金人于李村

乙卯順昌圍解

三十一年五月乙卯知順昌年孟昭率部曲來歸

金人嘉定十年宋人攻穎州焚掠而去

十四年宋人掠沈丘殺縣令是年宋人焚穎州執防

禦判官

金完顏襄率甲士二千人渡穎水攻拔穎州

元潁州屬汝寧府至元二年省四縣及錄事司入州後復領三縣沈丘潁上太和

太宗四年春攻金下潁州

世祖中統四年以禮部尚書馬月合乃兼領潁州光化互市

是年以別的因爲壽潁二州屯田府達魯花赤州地多荒蕪有虎食民妻其夫來告別的因歎然良久曰此易治耳乃立檻設機縛羔羊檻中以誘虎夜半虎果至機發虎墮檻中因取斬之虎遂死自是虎害頓息

至元二十五年河決潁被患

二十七年河復決潁大被患

仁宗延祐元年冬十月陞潁州萬戶府爲中萬戶府

泰定帝致和元年五月蝗

順帝至正十一年五月辛亥潁州妖人劉福通爲亂

以紅巾爲號陷潁州據朱皐攻羅山等縣陷汝寧

光息等府州衆至十萬

明太祖洪武十六年攻下潁州改隸鳳陽府領潁上

太和亳三縣至弘治六年革亳止領二縣

永樂八年六月乙巳皇太子免潁州并太和被水災

田賦

成化二年大水漫城尺許歲大饑民死者半

六年九月二十五日大雪至次年二月終乃霽道路不通村落不辨河水堅結禽鳥絕飛

七年四月初三日夜北風大作雨雹傷稼

十六年春地震

秋淋雨穀粟無成豆多腐爛

十七年大饑疫

五月十二日午風自西作晝晦舡多沉溺夜分乃止

弘治四年知州劉讓以潁爲南北要衝州衛犬牙相制奏請兵備道鎮潁初命河南按察司僉事提督廬鳳淮揚四府安慶二十八衛所屯田兼理刑駐劄壽州繼自兵備開公署移駐潁州後嘉靖六年裂淮揚二府隸徐州兵備道

本道或副使或叅政間一任之復駐壽州至崇禎八年因寇陷頴奉旨永鎮頴州

正德三年頴州進白兎

四年春大饑人相食

七年流賊劉三大掠頴界攻破太和縣圍頴上縣幾七日破兵備李天衢督衆固守賊退

嘉靖元年七月二十四日大風拔木摧禾　冬煖如春諸果木皆華間有實

三年正月元日夜地震春大饑人相食

四年八月二十二日地震十二月二十二日復震

十三年十四年俱蝗田無遺穗

二十五年四月二十日大雨雹深五寸麥禾盡損

二十八年秋有黑眚入人家遠近騷動

三十二年巨寇施尚詔叛襲歸德陳頴震動時頴人姚艮客商丘值鄰伏雞籠中恍惚見籠上三神寸許緋衣賊提劍三匝若無所見因逸出竟免

三十七年正月艾亭妖人高普仙夫婦王白道教男女叢聚拜挾箕凌獅子塔端自號皇帝后其妻州捕獄死

四十三年彗星見

四十四年太白經天

隆慶二年洪水泛汜兩河交流漂尸蟻岸民舍傾圮

冬大雪深丈許鳥獸絶跡

六年大水　太白經天

五月日食天地晦冥

是年撫按以地方多盜白晝殺人奏請添設捕盜通判廳于方家集以鳳陽府通判移鎮後駐城内改仰高亭爲署崇禎十六年裁革

萬曆八年元旦朔日有食之

九年六月雨雹如雞卵

十年地震

十二年六月大風拔木

十三年四月地震

是年有白烏

十四年二月十三日有星大如柿自西南落東北是

夜本州兵刑工房災

十五年元旦雷震大雨如注是年大旱

十八年三月初三日大風折樹屋瓦飄飛城郭震動是日清明拜墓者披靡隨風去有墜井塹者入夜方定

二十年八月十一日夜有星大如桃自東穿月過

秋蟋蟀食禾殆盡

二十一年夏淫雨漂麥水漲至城至秋乃平時有人言八月

初八日大水至日晴爽俄驚水自西北來遠望如
海嶠沙山漫衍淜湃頃刻百餘里陸地丈許舟在
樹末濤城圮者半城脚日夜漸漸入人情倉皇無
措至十三日漸退廬舍禾稼一空男婦嬰兒牛畜
雉兎掛樹間纍纍
相望樹杪頓生根

冬大饑

二十二年春人相食餓殍枕藉城市警盜晡即戒嚴
時有瓦店民王自檢綽號趯子聚衆爲亂擁與張
高蓋稱王饑民響應四出焚刼賴人日望兵憲李
驥千兵東來不肯至兵已布宜秋門外赴勤知州
李元齡又以乏餉恐生事端徘徊止有吉命兩省
會勦河南信陽道兵憲劉公卿駐新蔡調兵擒捕
賊各星散自檢勢窘賴民于蚑誘使奔潁匿西湖
之陽蚑寄報巡捕指揮王孟時就擒之又西門外
住人史爾子名志誘王保十歲兒殺而烹之急覓
已將食矣兒頭埋積薪中又儽然數顆不知誰氏
頭夫婦號泣扛釜告州守李元齡乃不肯據實上

閫友誣保子戲羈子女被殺坐保罪羈子止掩死獄中保日夜籲天哀號而死

冬大荒艾亭賊李大榮樹幟稱王撫院李三才設法擒獲伏誅餘黨悉平

二十三年八月十二日夜泗窩溜河水里許忽漲起高二丈餘水波如萬月明船豎玻璃中檣皆倒橫

二十八年三月民戴選家猪產白象

是年獲白鼠白猨白鳩冬、北甕城災

二十九年元旦黑霧黃風大隅頭居民房併坊牌災

四月三里灣設鑪有稅官

五月淋雨麥腐歉秋大水豆角內生蟲

三十年正月雪深五尺許

二月二十四日雨水黑

五月初四日雨雹沈丘鎮瓦店如鷄卵樹物人牛傷

雨後風熱如火

秋大水傷禾

九月二十四日夜流星如盤曲如龍向西南落小星

萬餘隨之是夜黃龍見

十月十二日龍見

是年派桃河夫有豬生二頭四耳八蹄二尾

三十一年春大凶荒盜疫盛行人死十之六壽搶殺人毆之雖害病人多近鬼神言

俗偷心殺戮殤用刑矣

秋七月雨雹八月大水時陸地丈餘人淹淹有祥有兵馴驪豐行若死若生無復賴皇者西府判郭象吉撫緝有方盜賊斂戢二方賴之是年巡撫李三才遂拔兵鎮蠢判郭象上吉請去三里灣殺羅

三十二年春巡撫李三才奏發臨清倉米三千七百五十石賑賴

秋按院高攀桂奏留漕米六萬石給江北半種賴得三千五百石

七月雨雹九月桃杏華迎薛觀側居民喬垚妻蔣氏一產三子臍腹尚蠕蠕動母子俱死

是年頻見白兎

三十三年甲村鋪民家産一牛兩頭又民家驢生駒
穀如石剖視中如鋸木末三塔集李攀蟾家産牛
二頭

三十七年蝗

四十六年四十七年俱蝗

四十八年彗星見

天啓元年春大雪深丈許

七年春恒雨

崇禎二年奉旨汰本州州判一員儒學訓導一員

五年春大水

六年鷄鳥至繼至者三年

七年冬十月北方虹見

十二月十八日夜南門鎖自響

八年正月流賊李自成破潁通判趙士寬知州尹夢鰲死之　陝西流賊李自成號闖王正月初十日突至圍城時承平久無備且北城外無隍有高樓與城近賊得據之飛磚瓦擊城頭士民通判趙士寬知州尹夢鰲鄉官張鶴鳴初率衆守之及衆傷不能支十二日午賊穴城入編焚房舍縛執入索金或類官刑拷之或加異刑苦之或剖孕婦而視其胎或開人臏爲槽納糧于中以飼馬慘極百狀盤踞三晝夜去通判趙士寬知州尹夢鰲俱赴水死鄉官尚書張鶴鳴副使張鶴騰俱以不屈死其餘以孝義貞烈死者另傳焉

九月流賊復侵潁兵備道謝肇玄命貢士李栩[illegible]走之

九年四月雨至八月止大水淮河繫舟樹杪

冬十月流賊薄城　留陵戶民宋鎗頭夜自生火一

十年潁營都司李栩擊流賊老𤞤王等獲大勝貢士李栩因八年破城冦焚父柩復家募兵請纓勦賊屢有功兵備道謝肇玄請命撫院朱大典委授以潁營都司衛時流賊左衿王等蜂擁臨廂詡謀禦之城門不閉賊不敢入及夜令兵啣枚塗面偷營刼殺之賊衆大亂次日走栩乘賊過三里灣河伏兵大創生擒頭目跳澗虎油葫蘆草上飛皇天受等溺死二千餘賊獲驢牛千餘隻救難民七百餘人賊自是膽落呼爲李闖子兵

十一年春十營賊侵掠方家集

秋八月老徊徊賊侵掠驛口橋集

十二年春十營賊老徊徊賊擄掠中村崗等集秋復

至

十三年大旱　蝗

秋七月大風拔樹

十四年春大饑人相食夏瘟疫至秋末方止

淝河水溢壞民廬舍

礦賊袁老山焚燬庄舍農器四鄉殆盡

王氏集塔崩內現石匣貯銀棺金瓶等物督師馬公士英取去

十五年夏四月南五營賊偷城郭鐵匠以義死鉄匠郭年

東門外四月十七日夜忽被賊執紿曰同吾偷城遇詰者汝權詞應功成將官汝郭佯許之及至城頭郭大呼曰賊至矣被賊斫墜槊爲泥守城者驚起竟退賊

五月南五營賊革裏眼左衿王等賊偷城初八日天大風雨流賊乘黑夜偷爬城還判任郎有鑑衣履泥濕督士民守賊竟無隙入

流賊袁時中劫掠王老人集參將李栩死之通判任有鑑請兵會勦

十六年春二月二十日大風霾天地晝晦三月復風霾

秋七月雨雹大如卵

八月霪雨七晝夜

冬十二月初二日丑時地震

十七年三月流賊李自成陷京師四月福藩監國南京旣而即位詔以明年爲弘光元年

皇清順治二年乙酉五月大兵下江南

夏大水

三年丙戌夏秋俱大水

四年丁亥秋大水

五年戊子夏四月至六月不雨秋大水損禾

六年己丑夏五月十八日淮河水陡從西來平地數

一丈壞民廬舍牛畜數千家蒙

旨蠲免租税

七年庚寅春二月二十日民許小兒妻産子駢首一身首紅白異色白者口有齒

二十七日大風拔屋

夏五月大雨雹傷麥

八年

【乾隆】潁州府志

（清）王斂福纂修

清乾隆十七年（1752）刻本

潁州府志卷之十

瑯琊王斂福凝齋氏纂輯

雜志 祥異 辨誤 紀聞 瑣史

班固作藝文志有雜家者流其書目多不可以尋常論而其言曰知國體之有此見王治之無不貫益信蹈常襲故不足以窮極無外也潁地處江淮之中民生其間不見异物而遷有何恢奇之事荒忽之談然而依古以來所見异詞所聞异詞所傳聞又异詞矣史家之法非要無以明貌非詳無以盡物故序祥異兵革而考証疑

誤謹拾舊聞胥附焉亦以備文獻之徵云爾

祥異

漢

初元五年汝陰慎縣夏及秋霖雨連旬壞郵民舍及流水殺人

永元十二年六月汝陰慎縣大水傷稼

元初二年潁水化爲血按京房占曰水化爲血兵且起

三年十月汝南雷

延光二年三月汝陰慎縣大風拔木是年慎縣

木生連理

建和元年黄龍見譙

熹平五年黄龍見譙

建安元年河淮饑

十二年黄龍見譙

晉

咸寧元年正月汝陰木生連理四月白雉見鄧

縣

太康二年山桑縣地震

元康四年汝陰慎縣蓼縣地震是年汝陰木生

連理

建武元年汝陰木生連理

大興二年三月山桑蝗

宋

元嘉十一年嘉禾一莖九穗生汝陰

二十年汝陰木生連理豫州刺史劉遵考以聞

二十一年雩婁連雨百餘日大水

大明二年汝陰樓煩平地出醴泉豫州刺史宗慤以聞

七年白雀見汝陰豫州刺史垣護之以獻

泰始五年白獐見汝陰劉勔以獻

梁

大寶元年雩婁大饑

隋

開皇五年汝陰大水

九年河淮斷百里水涸無魚

唐

貞觀四年淮南地生毛

八年淮南大水

二十年甘露降亳州

永徽四年夏汝陰潁上霍邱旱

總章元年江淮大旱饑

嗣聖十八年霍邱地震

開元八年正月甘露降於亳州

二十九年亳州老子祠九井涸復湧

上元二年淮南大饑

貞元四年淮南及河南地生毛

十三年淮水溢于亳州

長慶二年霍邱饑

太和八年江淮大旱

咸通元年潁州大水

二年秋不雨至於明年六月

三年淮南河南夏饑

九年江淮旱蝗

天祐二年五月潁州汝陰民彭文妻一產三男

是年疫

後唐

長興三年諸州大水潁壽尤甚

後漢

乾祐二年潁州進白鹿

後周

顯德三年潁州進白兎又進白烏

宋

建隆二年亳州獻芝草翰林學士王著上頌於

朝

開寶二年七月潁亳水害秋禾

四年六月汝潁水漲壞民舍田禾

六年六月潁淮淠水溢渰民舍田疇甚衆

七年二月亳州蝗

太平興國二年六月潁州大水壞城門軍營民

舍

五年頴州水溢壞堤是年頴獻白獐白雉

淳化四年頴州秋霖雨敗稼

五年頴州頴上秋雨水溢禾稼皆腐是年頴州獻白雉

咸平四年亳州太清宫鐘自鳴是年亳州獻白兎

六年頴州獻白鵵

是年亳州麥一莖兩穗

大中祥符四年亳州生芝草

五年江淮旱

六年亳州秋八月野蠶成繭麥菽再實

六年冬十月亳州甘露降太清宮枯檜生枝

天禧元年霍邱蝗自死

二年三月甲申潁州隕石出泉飲之愈疾

三年正月晦潁州沈邱民駱新田間雷震墳之

隕石三入地七尺許

四年江淮稔

天聖四年淮南大水

五年潁州水

明道元年淮南旱饑

慶曆四年淮南饑

治平元年潁州霍邱水復旱

三年潁州大水

大觀三年江淮大旱

重和元年江淮水

紹興十八年淮南旱饑

嘉泰元年淮南旱饑

淳祐六年霍邱蝗

咸淳三年夏亳州霪雨傷蠶禾麥皆無

四年七月亳州蝗

元

至元二十五年河決汴梁潁州太和潁上大水

二十七年河決祥符義唐灣潁州太和潁上復大水亳州地震

元貞二年潁州太和潁上大水

大德元年亳州水溢漂沒田廬

延祐三年潁州太和河溢

至治二年蒙城大雨傷禾

致和元年五月潁州蝗

至正十九年蒙城蝗

二十五年太和縣河决二十七年復决

明

建文元年三月霍邱地震

永樂二年霍邱地震

七年潁州水霍邱縣三尖山泉湧

洪熙元年四月霍邱縣地震六月震十二月又震

正統二年潁上縣霍邱縣大水

天順四年潁上水溢民舍多没

八年亳州通眞觀產芝

成化二年潁州潁上縣太和縣大水漫城尺許

蒙城縣水并大饑

三年太和水大饑

十年春霍邱縣災

十二年霍邱縣地震有聲

十三年潁上縣桃李冬花有實如王瓜

十六年春潁州潁上縣地震

十七年潁州大饑大疫二月霍邱縣亳州地震

五月大旱

二十一年二月亳州十字河產麒麟

二十三年霍邱縣旱大饑

弘治元年霍邱縣旱大饑

二年霍邱縣大雪平地三尺

六年九月二十五日潁州潁上霍邱太和蒙城俱大雪至次年二月終始霽歲大熟

七年四月初三日夜北風大作潁州潁上縣雨雹傷稼

八年七月十五日午潁上縣驟雨即止日色中三龍出沒烟雲上下相持自南而北所過屋瓦

皆飛十月霍邱縣地震

九年亳州雨雹傷稼

十二年霍邱縣大水

十三年六月亳州孝子王矩墓側產靈芝

十七年五月十二日風自西作晝晦潁州潁上縣船多漂没夜分乃止是年大饑疫

正德元年霍邱縣地震有聲大風拔木

三年潁州進白兎潁上縣大饑霍邱縣蒙城縣蝗大饑疫

四年春潁州大饑六月霍邱縣空中有聲自北

來踰月方止冬大雪樹多死

六年頴上縣有怪鳥來鳴

十一年蒙城縣民許廷柱家產靈芝三本

十二年夏霍邱縣大水人多溺死

十三年太和縣麥秀兩岐秋穀大穫

十六年蒙城縣麥秀兩岐

嘉靖元年夏霍邱縣蒙城縣蝗七月二十四日

頴州頴上縣太和縣等處大風拔本禾稼盡空

冬頴州頴上縣霍邱縣太和縣等處氣暖如春

果木皆華間有實蕨荐饑

二年春蒙城縣大疫夏潁上縣大旱秋霪雨傷穀河水大漲冬積陰六畜傷損殆盡十二月二十八日大雷電雨水盡黑霍邱縣亳州大饑疫

三年正月元旦夜潁州霍邱縣潁上縣太和縣並地震春大饑

四年八月潁州地震十二月復震

八年霍邱縣蝗

九年黃河水入蒙城縣城壞民居

十二年潁州亳州蝗

十三年潁州太和縣並蝗亳州大饑霍邱縣大

水

十四年穎州蝗出無遺穗霍邱縣夏雹

十五年太和縣大水

十六年太和縣大旱

十七年黃河溢亳州大水田廬盡没

十九年太和縣霍邱縣蝗

二十二年亳州黃河復歸德府故道春霍邱縣河水及城西南池氷結花形如畫菊三日始消

蒙城縣大水崩城

二十三年霍邱縣旱蝗

二十四年冬十二月霍邱縣地震

二十五年四月二十日潁州大雨雹損稼

二十七年蒙城縣大水

二十八年秋潁州有黑眚入人家遠近騷動霍邱縣大荒

三十九年亳州蝗

四十一年亳州大旱

四十二年霍邱縣白雀集賓賢樓

四十五年夏霍邱縣大水

隆慶二年潁州亳州大水冬大雪深丈許霍邱

縣地震有聲如雷
三年十二月初七日蒙城縣蔣疃集星隕有聲
入地尺許
四年霍邱縣麥秀兩岐
五年霍邱縣大疫
六年潁州潁上縣並水八月潁州良莊湖有物
白色晶瑩可鑑高四尺圍二尺許蠕動如人形
居民逐之奔馬不及射之有聲月餘始沒霍邱
縣久旱傷禾亳州水
萬曆元年霍邱縣雨雹

三年潁上縣大風傾城冢

四年十月霍邱縣雷

七年蒙城縣春雨三月民大饑

八年蒙城縣生聖稻數百畝

九年六月潁州潁上縣雨雹如雞卵霍邱縣饑

十年潁州潁上縣並地震

十一年夏亳州霪雨平地水深數尺麥漂沒冬
大饑

十二年六月潁州潁上縣並大風拔木

十三年四月潁州潁上縣並地震是年潁州亳

烏見
十四年二月十三日有火光如柿落頴州東北夜署旁舍災霍邱縣旱大饑
十五年元旦頴州潁上縣霍邱縣亳州並大雷雨秋旱太和縣五月水傷禾
十六年霍邱縣蒙城縣太和縣並旱
十七年霍邱縣旱淮竭井枯擔水千錢五月地震有聲
十八年三月初三日頴州潁上縣俱大風城郭震動是日清明節墓祭之人有吹落井塹者

夜方定秋有烏龍起潁上縣東沙河南岸入於龍池灣次日復起風雨大作霍邱縣春饑夏麥秀兩穗

二十年潁州蝗蝝食禾殆盡

二十一年潁州潁上縣蒙城縣俱大水樹杪生根霍邱縣春饑秋七月三尖山起蛟水湧溺死無算九月十三日霍邱縣地震有聲冬大饑

二十二年春潁州潁上縣霍邱縣亳州太和縣並大饑秋大熟潁上縣地震河水俱沸

二十三年八月十二日夜潁州洄窩溜河水忽

漲起二丈許船檣皆倒霍邱縣開順鎮産靈芝

二十五年八月潁上縣地震

二十六年太和縣地震雨雹

二十七年蒙城縣麥秀兩岐是年獲白鼠白狼

白鳩冬北蒙城災太和縣臥龍岡獲虎

二十九年潁州潁上縣亳州黑霧黄風晝晦並

有火災蒙城縣黄河水泛秋潁州大水豆角生

蟲

三十年正月潁州潁上縣霍邱縣亳州俱大雪

深數尺二月二十四日雨黑水五月初四日潁

州潁上縣亳州同時雨雹大如卵蒙城縣黃河
水泛潁州雨後風熱如火秋大水傷禾九月二
十四夜黃龍見十月十二日龍復見
三十一年潁州潁上縣霍邱縣俱大疫毒瘡殺
人死者十之六八月潁州亳州大水平地丈餘
饑太和縣黃河水溢入境
三十二年七月潁州雨雹九月桃杏華頻見白
兎潁上縣蒙城縣大饑夏大疫
三十三年八月潁上縣雨水黑蒙城縣大疫
三十四年九月潁上縣桃杏華雨雹

三十六年潁上縣大旱

三十七年潁州亳州蝗潁上縣大有

三十八年太和縣蒙城縣俱蝗

三十九年潁上縣元旦雷震春大饑蒙城縣大水

四十一年霍邱縣疫

四十二年潁上縣蝗

四十三年霍邱縣牛產麒麟落地出火民撲殺之

四十五年霍邱縣旱蒙城縣蝗

四十六年潁州亳州蝗蒙城縣大水

四十七年潁州亳州蝗蒙城縣夏秋大旱潁上縣大雪百鳥死

四十八年太和縣蝗蒙城縣雨雹

天啟元年春潁州霍邱縣亳州潁上縣蒙城縣俱大雪深丈許

二年蒙城縣地震

四年潁上縣大旱蝗

六年蒙城縣旱蝗

七年春潁州霍邱縣恒雨五月潁上縣大水

崇禎四年潁上縣大水

五年潁州潁上縣亳州大水

六年潁州潁上縣亳州蒙城縣鵶鳥至按此鳥狀如鴿可食鳥之所至寇即隨之出北漠唐開元中一入內地即兆突厥犯邊此爲流寇破殘之兆

七年十月北方虹見十二月十八日夜潁州城南門鎖自響驚開及城陷逃出南門者皆免霍邱縣守城刀鎗出火亳州鵶鳥至太和縣有黑風從西北來白晝如夜地震龍見界首集是日無雲鱗爪畢露蒙城縣大蝗

八年潁上縣禦寇刀鎗生火長寸餘青白色太

和縣鷄鳥至地震

九年潁州霍邱縣四月雨至八月止十月潁州留陵口民家鎗頭生火蒙城縣大水

十年二月蒙城縣赤風自西北來火氣逼人冬霍邱縣大霧晝寘霧霽木介氷雪晶瑩狀若旗鎗

十一年蒙城縣鄉民家產靈芝一本

十二年二月二十一日亳州紅雲彌天墮火延燒經數晝夜有攜箱篋就水者箱內自焚蒙城縣風霾蔽天晝晦

十三年穎州潁上縣霍邱縣蒙城縣大旱蝗七月大風拔木斗米千錢亳州大疫十二月潁上縣大雪著樹如刀鎗形

十四年春潁州潁上縣霍邱縣大饑夏四月疫秋末方止青蠅大如棗丁盡戶絶者無數淝水溢壞民廬舍潁州王市集塔崩內出石匣貯銀棺金瓶等物督師馬士英取去

十五年亳州蒙城縣黃河水泛

十六年二月潁州霍邱縣大風霾晝晦三月復風霾秋雨雹冬潁州潁上縣霍邱縣蒙城縣俱

地震亳州大饑

國朝

順治二年潁州霍邱縣水潁上縣甘露降

三年潁州亳州蒙城縣水

四年潁州亳州蒙城縣水

五年秋潁州潁上縣霍邱縣亳州蒙城縣俱大水

六年潁州霍邱縣淮水陡漲廬舍漂沒甚衆蒙城縣水

七年潁州大風拔木夏雨雹傷麥

八年霍邱縣地震

九年潁州潁上縣地震霍邱縣水蒙城縣旱

十年冬蒙城縣地震大雪

十一年潁上縣大水亳州霪雨傷稼秋冬旱蒙城縣地震

十二年潁上縣霍邱縣亳州水六月潁上縣旱

十三年蒙城縣大水

十五年潁州太和縣地震

十六年潁州霍邱縣太和縣俱水

十八年潁州霍邱縣大旱

康熙元年潁州霍邱縣水八月潁州蝗九月復
大水二十九日夜半火龍見
二年潁州旱霍邱縣水冬十月潁州雨粟
三年潁州旱霍邱縣水
四年潁州春夏無雨復大水霍邱縣大旱
五年潁州蝗
六年潁州霍邱縣旱蝗六月霍邱縣地震有聲
如雷冬十月大饑蒙城縣大水
七年潁州霍邱縣大水六月潁州蒙城縣地震
太和縣雨蕎麥

九年蒙城縣大雪樹木死
十年蒙城縣旱蝗大饑
十二年蒙城縣蝗蝻
十三年蒙城縣旱
十八年穎州大饑
十九年麥大熟
二十三年太和縣蝗
三十年太和縣蝗
三十一年太和縣蝗
三十四年太和縣產一蒂兩瓜

三十九年夏潁州大水

四十二年亳州饑

四十五年潁州大水

四十八年潁州亳州潁上縣太和縣俱水

四十九年春潁州饑太和縣大熟鄉民朱歷地
內一莖五岐

五十二年秋七月太和縣水

五十四年五月潁州水

五十五年潁上縣麥秀兩岐

六十一年二月太和縣地震四月又震

雍正元年冬太和縣沙河溢

九年潁州舉報壽民司羽明年一百零四歲筋力強健間或荷鋤子文衡七十四歲孫連勳四十七歲曾孫林三十歲元孫成十歲五世一堂

亳州舉報壽婦單懷臣妻張氏年一百零一歲

十年四月初五日熒惑入房二度五月初三日潁州西城邱家園火自午至亥燒至東北城黑龍潭止鼓樓被焚毀民房四千六百六十一間

乾隆元年亳州舉報壽民趙振鐸年一百零六歲周德茂年一百零二歲潁上縣壽婦劉杜氏

一百零八歲

二年阜陽縣舉報壽婦龔李氏年一百零六歲

四年夏六月潁州府大水東西南三門水皆進

急屯之太和縣水沒民居秋七月沙河溢水圍

城蒙城縣災

六年太和縣六月大雨至八月止蒙城縣大水

潁上縣霍邱縣亳州俱大水

七年阜陽縣雨自四月至七月太和縣雨自五

月至八月潁上縣霍邱縣亳州蒙城縣俱大水

八年阜陽縣太和縣潦

九年阜陽縣霍邱縣旱蝗太和縣蒙城縣俱大
水
十一年潁州府雨自四月至七月六屬俱大水
十二年六屬俱大水
十三年阜陽縣潁上縣霍邱縣俱大水
十四年阜陽縣潁上縣亳州俱大水潁上縣青
娓鄭龔氏年一百零四歲
十五年潁州府六屬俱大水阜陽縣四十里鋪
民楊在朝妻袁氏一產三男太和縣民李峻妻
闞氏一產三男

十六年潁上縣舉報壽婦馬張氏年百歲

【道光】阜陽縣志

（清）劉虎文、周天爵修　（清）李復慶等纂

民國三十六年（1947）石印本

雜志

今所為阜陽縣志既分輿地迄藝文各門係類而謹載之補其闕畧訂其訛謬實有更易不同之處而因舊志者亦多惟是各門所難隸而遺聞故事又未可聽湮没前志為志餘以大小標目意謂不如江南通志雜志之目為得要也故仿其例為禨祥摭史紀聞三端其辨譌一目則斯志已訓注各事各門之下不盡襲焉志雜志

禨祥

漢

永光五年夏及秋大水壞鄉聚民舍水流殺人

永元元年淮水變赤成血見江南通志

元初三年十月辛亥汝南雷

晉

咸寧元年正月木連理生汝陰

元康四年十一月汝陰地震

建武元年八月木連理生汝陰十一月木連理生汝陰太守以聞

大興元年日夜出於南斗中高三丈見江南通志

宋

元嘉十一年嘉禾一莖九穗生汝陰太守王元謨以獻

元嘉二十年八月木連理生汝陰豫州刺史劉遵孜以聞

大明七年五月辛未白雀見汝陰豫州刺史垣護之以獻

泰始五年正月癸卯白麞見汝陰劉劭以獻

隋

開皇五年潁州大水

唐

永徽四年夏秋旱甚

貞元四年四月地生毛

咸通元年潁州大水

咸通二年秋不雨至於明年六月

咸通三年夏饑

天祐二年五月汝陰民彭文妻一產三男　是年疫

後唐

長興三年七月諸州大水水潁尤甚

後漢

乾祐二年五月潁州進白兔

周

顯德三年潁州進白兔　又進白烏

宋

開寶二年七月水害秋禾

開寶四年六月汝潁水並漲壞廬舍民田

開寶六年六月潁州淮淠水溢渰民舍田疇甚衆

太平興國二年六月潁水漲壞城門軍營民舍

太平興國五年五月潁水溢壞堤及民舍　是年潁州獻

白麞白雉

淳化四年秋霖雨敗稼

淳化五年秋雨水害稼

咸平六年潁州獻白麂

天禧三年正月晦雷震頂之隕石三入地七尺許　三

月甲申潁州石隕出泉飲之愈疾

天聖五年三月潁州水

治平元年有水災　是年復旱

治平三年大水

紹興四年淮水溢中有赤氣如凝血見江南通志

元

至元二十五年五月河决汴梁潁州被害

至正二十七年十一月河决祥符義塘灣潁復被害

元貞二年六月潁州大水

延祐三年四月潁州河溢

致和元年五月潁州蝗

明

永樂七年潁州水

成化二年大水漫城尺許歲大饑民死者半

宏治六年九月二十五日大雪道路不通村落不辨河冰堅合禽鳥絕飛至次年二月終始霽歲幸不饑

宏治七年四月初三日夜北風大作雨雹傷稼

宏治十六年春地震 秋霖雨穀粟無成豆多腐爛

宏治十七年大饑疫　五月十二日午風自西作晝晦船多沉溺夜分乃止

正統元年淮河清一月（見江南通志）

正德三年潁州進白兔

正德四年春大饑人相食

嘉靖元年七月二十四日大風拔木摧禾　冬暖如春果木皆華間有實

嘉靖三年正月元日夜地震春大饑人相食

嘉靖四年八月二十二日地震　十二月二十二日地復震

嘉靖十三年十四年俱蝗田無遺穗

嘉靖二十五年四月二十日大雨雹深五寸麥禾盡損

嘉靖三十八年秋有黑眚入人家遠近騷動

隆慶二年洪水泛溢雨河交流民舍傾圮　冬大雪深丈許鳥獸絕跡

隆慶六年大水

萬曆九年六月雨雹如雞卵

萬曆十年地震

萬曆十二年六月大風拔木

萬曆十三年四月地震　是年有烏

萬歷十四年二月十三日有星大如柿自西南落東北是夜州署旁舍災

萬歷十五年元旦雷震大雨如注是年大旱

萬歷十八年三月初三日大風折樹屋瓦飄飛城郭震動是日爲清明節州人墓祭有遇風墜井墮者入夜方定

萬歷二十年秋蟋蟀食禾殆盡

萬歷二十一年夏霪雨漂麥水漲及城至秋始平時有人言八月八日大水至日頗晴謂言者妄俄驚水自西北來奔騰砰湃頃刻百餘里陸地丈許舟行樹杪城圮者半迨十三日始漸退去廬舍田禾漂没殆盡男婦嬰兒牛畜雞犬纍纍掛樹間樹木皆至生根冬

大饑

萬歷二十二年春人相食饑殍枕藉　冬大荒

萬歷二十三年八月十二日夜洄窩溜河水里許漲起二丈餘船檣皆倒

萬歷二十八年三月民戴選家豬產白象　是年獲白鼠白猿白鴿　冬北襄城災

萬歷二十九年元旦黑霧黃風大隅頭民舍牌坊並災　五月霖雨麥腐黴　秋大水豆角內生蟲

萬歷三十年正月雪深五尺許　二月二十四日雨黑水　五月初四日雨雹沈邱鎮民店大如鵝卵人牛樹物俱傷雨復風熱如火秋大水傷禾　是年有豬生二頭四

耳八蹄二尾

萬歷三十一年春大荒　復大疫毒瘡殺人死十之六秋

七月雨雹　八月大水陸地丈餘

萬歷三十二年七月雨雹　九月桃杏華　迎祥觀側■

居民喬松妻馮氏一產三子捫腹尚蠕蠕動母子俱死

是年屢見白兔

萬歷三十三年中村閆氏家產一牛兩頭　三塔集氏■

李攀蟾家產一牛兩頭　又氏家驢生卵殼如石剖視

中如磘灰末

萬歷三十七年蝗

萬曆四十六年、四十七年俱蝗

天啟元年春大雪深丈許

天啟七年春恒雨

崇禎五年春大水

崇禎六年鷄鳥至。鳥似鷄，兔足鼠爪，千萬為羣，疾飛若雷，上蔽天日，棲平陂野草間，夜照以火，有獲之者，俗呼反鷄。六年秋冬間至，明年四月忽不見

崇禎七年十二月十八日夜南門鎖響自開墜地。後流寇陷城，逃出南門者皆得脫

崇禎九年四月雨至八月止，淮河繫舟樹杪　冬十月留陵口民家鎗頭夜自生火

崇禎十三年大旱　蝗　秋七月大風拔樹

崇禎十四年春大饑人相食　夏大疫至秋末方止

淝河水溢壞民廬舍　王市集塔崩内出石匣貯銀棺金瓶等物督師馬士英取去

崇禎十六年春二月二十日大風霾天地晝晦　三月復風霾　秋七月雨雹大如卵　八月霪雨七晝夜　冬十二月初三日丑時地震

清

順治二年夏大水

順治三年夏秋俱大水

順治四年秋大水
順治五年夏四月至六月不雨　秋大水損禾
順治六年夏五月十八日淮河水從西來平地數丈壞民
廬舍牛畜數千家
順治七年春二月二十日民許小允妻產子駢首紅白異
色白者口有齒　二十七日大風拔屋　夏五月
大雨雹傷麥
順治九年春地震
順治十五年大水地震有聲
順治十八年大旱

康熙元年夏秋俱水　八月蝗　九月朔大水平地丈餘閱五日東西南■三門水皆灌入各渠堤堰防堵西北水門地勢更下城外水高一二丈潰決莫禦知州及士民捐資築塞始免水患　二十九日夜半火龍見

康熙二年旱　冬十一月雨粟粒若蕎麥圓小而堅味辛厚處盈寸

康熙三年旱　冬無雪次年五月方雨

康熙四年春夏無雨五月朔始雨　大水

康熙五年　六年俱蝗

康熙七年大水　夏六月十七日戌時地震

康熙十六年夏麥丹年歉

康熙十七年夏麥再丹　冬無雪年饑

康熙十八年大饑人多食麻餅及榆皮

康熙十九年春荒　夏麥大熟

康熙二十九年冬大雪果木凍死自十一月二十九日江河氷合南北舟楫不通至次年正月二十日氷始開

康熙三十九年夏水

康熙四十五年秋大水舟行白龍溝大石橋上鄉人乘舟刈禾水由水門內灌入城城倒始塞

康熙四十八年春三月初旬雨至夏五月二日始止大水爲災

康熙四十九年春大荒北方流民遝飆居寺觀皆滿多鬻子女以食幼稚不堪鬻者遁地拋

葉蓮重臟焉止存筋骨

康熙五十四年夏五月水　冬十一月初七日雷

雍正九年舉報壽民司羽明年一百四歲筋力强健子文衡七十四歲孫連勲四十七歲曾孫林三十歲元孫咸十歲

雍正十年四月初五日煞氣入房二度　五月初三日酉城郭家園火自午至亥燒至東北城黑龍潭止鼓樓被焚燬民房四千六百六十一間

乾隆二年舉報壽婦葉李氏年一百六歲

乾隆四年夏六月大水東西南三門水皆進急堵禦之

乾隆七年雨自四月至七月

乾隆八年疫

乾隆九年旱 蝗

乾隆十一年雨自四月至七月大水

乾隆十二年 十三年 十四年 十五年俱大水

縣四十里鋪居民楊在朝妻袁氏一產三男

乾隆十八年水

乾隆十九年舉報壽民李人龍年一百一歲

乾隆二十年夏秋水 九月初一日新村集保農民張宗

妻蔡氏一產三男

乾隆二十八年大水饑十二月種麥次年大熟

乾隆三十三年大水饑

乾隆四十六年大水

乾隆四十七年大水項蔡積潦經大雨泛溢下注漂没八

畜田廬時城門閉塞三面

乾隆四十九年大旱饑

乾隆五十年大旱疫牛士亮出黄豆五十石散給鄉隣全活甚眾士亮壽至九十五歲

乾隆五十一年春大饑大疫夏秋大熟麥有三四歧者

乾隆五十九年舉報監生李岱年代七匾額

嘉慶九年舉報壽民尹碩儒年八十三歲五世同堂親見

七代

嘉慶十五年正月十六日風霾晝晦

嘉慶十八年饑隕霜傷菽麥牛好糧買河南人女為婦長成尋其父還之

嘉慶十九年夏大旱禾半無穗菽不秀而萎饑

嘉慶二十一年大疫

嘉慶二十四年秋大水自亳州渦河漫口縣東北鄉漂沒人畜田廬甚衆王市集監生朱堯封好任恤雇船救援數百口捐粮粲養宅內月餘

道光元年夏六月大疫時初有鳥至色盧黑似鵲而微小口大内紅所到處鳥鵲羣飛啣穀實飼之六月至九月乃去自是歲有至者

道光四年二月初四日申時隕石於縣東北𢶍花廟保朱家廟地方一入地五尺餘隕石附近數十里聞響聲如鼓際天紅光黑氣相盪逾刻始散今石存縣署

道光四年舉報監生尹應萬年八十歲五世同堂親見七代即前舉尹碩儒子先後二十年內父子皆五世同堂親見七代時人咸稱罕見

道光六年永和店保民鄧方杲妻柱氏現年一百一歲

道光七年焦陂集保民馮國郎妻馮氏現年一百歲

【民國】阜陽縣志續編

南岳峻、郭堅修　李蔭南纂

民國三十六年（1947）石印本

災異志

咸豐六年二月初十日晨黄霧彌天大風拔木火起西城小隅首歷東西南三城暨孔廟大門及府署自大門至內堂並經歷署皆付焚如知府移居聚星書院此次計焚官署民宅數萬間人情洶洶至夜始定南城李家衚衕李本初當火至時守母柩不去火落柩上拾擲之及火過室廬燬盡而柩竟獲全本初亦無恙惟兩手泡傷而已十日內城內迭有小火北城時家行連焚三次

咸豐十七年大饑繼以大疫咸豐十一年八月朔日卯時

日月合璧五星聯珠是年冬地震櫃鼻門梟叮咚聲達於四隣先數日圜城捻匪曾於東北隅開地道響聲如雷迨聞此驚為地道復開事後始知地震

同治元年彗星現長計數十丈尾寬數丈數月漸滅

光緒五年晉直豫三省大饑難民至潁不下數十萬城鄉各鎮遍設粥廠就中以三里灣為最大西南鄉呂老莊辦理為最善遇病則有藥遇死則有恤並延僧超度次年孟夏量居民之遠近遣之歸里程壯勤於東關外石板橋左徧捐地數畝作流亡義地荒塚纍纍目不忍覩近數十年逐漸坍平已無存矣

光緒六年邑大疫春夏尤盛
中法搆釁之年夏季天上突出蚩尤旗一方首向東南尾
向西北長約數丈尾寬約二尺月餘始消
光緒十三十四兩年黃河由鄭州開口阜邑四鄉遍成澤
國幸水至皆在麥後浙江慈善會携巨欵來潁躬親檢查
施放城鄉富户亦慷慨捐輸災民幸無大碍
光緒二十四年二月十四日晨黃霧漫天狂風大作人皆
慄慄危懼以失慎爲戒上午十時火自小隅首許姓宅起
風猛火烈片時南延至南門裏北至大隅首北周甯兩姓
東至東門内卜家橋滑家街等處東門外亦延燒十數家

至晚十句鐘左右方熄總計被焚房屋間數較咸豐六年尤多火過之處惟節孝祠與各姓祠堂暨程壯勤公館無損田家祠堂南院有歲貢田簡齋建孝子祠三楹歷奉古令孝子三十餘尊木主早歸烏有僅存瓦屋三間兩柱皆被焚焦而房獨無恙李胡同東首建有李孝子牌坊一座横書誠孝格天四字脫落在地字跡絲毫無傷青雲路南甯宅草瓦房百餘間均付焚如惟上房院東屋暨庭屋南院前院南屋各三間巋然獨存事後細察原委東屋奉有甯文祥繼室節婦華氏木主南屋前數年曾有甯宅幼僕孫鳳翔妻烈婦某氏停屍於其中咸謂節孝二字不無神

明呵護云又邢紳仲昭家寄存四鄉戚友貴重衣箱百數具火起倉猝仲昭謂移己物棄人物不恕移人物棄己物不情因舉衆箱萃於一所一聽存留火過全數俱焚惟餘仲昭繼室丁氏木箱一具内貯輕裘十三件周圍皆焦内衣絲毫無傷此次火災適值渦邑飢民作亂四鄉富户所有珍重等物率寄城内戚友家是以此火損失較之咸豐六年火災更甚是宿大雨淋漓天氣極寒被災小户苦不可狀數日以内小火紛起幾無停息黌宫西王姓宅連火三次全城驚疑詩云神之格思不可度思歷觀災異信哉其不可度思也

清光緒二十二年丁酉秋八月某日申刻晴無片雲有大聲若雷自東北響達西南約五分鐘隨聲起白氣一道亦自東北而西南狀似浮雲又彷彿如銀漢久而始滅

光緒二十五年夏大疫傷人頗多

光緒二十六年春有黑氣自西北起形同山岸齊若刀裁不旋踵黑風暴作狂飈四塞對面數尺眉目弗辨十日內先後兩次

光緒二十六年夏熒惑兩次入南斗除夕下三句鐘疾風迅雷暴雨一時并作冬行夏令人以為異

光緒三十四年夏熒惑守心

民國二年夏歷正月初二日下午八句鐘有黑白亘北黑南白朗若刀裁東西經天寬計二尺自北向南越一小時漸滅

民國十年大水城内房屋多被淹倒

民國十一年秋豫匪老洋人姓張名慶綍號老洋人糾合魯寶襄郏悍匪多股竄過平漢道由上蔡項城沈邱諸縣直撲阜陽於廢曆九月十三日亱陷城燒殺淫掠無所不為時駐防部隊為倪嗣冲舊部安武軍團長倪金鏞有正規軍三營又倪嗣冲姪道煦另組有地方保衛團七中隊自任團長先數日道煦等已接邑人李自適自洛陽來電告知大股

匪徒東竄阜陽宜妥為預防但金鏞在鄉買田堅不歸城道煦本紈袴對匪訊置若罔聞不加防範酣嬉如故及匪已入境始令西關外團隊還彈藥進城因此匪薄城外西門未閉不攻而陷匪徒首縱火焚倪宅漫及全城民房十九付之一炬搶掠兩晝夜死傷數百人拷打勒贖暨擄走沿途續贖者數千人縣長陳滌塵亦被擄與邑人周琴一同交一小股監視勒索鉅款行至息縣爲龍集南因天雨監視稍疏與琴一冒雨潛逃回城得全性命亦云幸矣計匪行路線自沈邱集入境經楊橋集大田集抵城刼掠後分數路南竄經李集王化集地里城方集逾洪河入息縣

回舊巢沿途大小集鎮遍遭焚掠誠浩劫也匪去後道煦部入城復行搜刼精華俱盡於是地方共組灾民團追訴二倪禍阜之咎奈督理馬聯甲係嗣沖舊部袒護不理地方乃公舉呂蔭南丁象謙甯燦樞李采白等赴京詣總統府申訴蒙黎大總統接見面陳詳情始令通緝二倪令既下道煦避居天津租界金鏞亦逃匿他處及十七年國民政府北路宣慰使署皖北各縣善後特派員呂蔭南並阜適逢金鏞潛回被團隊捕獲正法人心大快道煦終逍遥法外病死天津

民國二十年五月初東城外有蝦蟆大小千百成羣附墻

根從南向北徙三日亘方止
民國二十年夏歷五月二十五日亘暴雨大作三日弗止城内街道不通房舍倒塌大小無一幸免水災之大與民國十年等
民國二十七年夏抗戰方酣河决中牟沿賈魯河汎濫而下分奪潁茨入淮雖兩岸築隄防堵顧逐年潰决為災至今未已幸倭寇已降戰事結束甚望政府本既定决策從速堵口俾黄河早復故道也
民國三十一年豫東大旱皖北次之三十二年春夏間豫東災民屬集縣境賣妻鬻子及倒斃路傍者時有所聞本

縣官紳籌辦賑濟全活頗多

北伐後疊次匪災紀要

本縣自十五年北伐以後迭遭股匪擾害其擄掠燒殺之慘實較清代捻亂有過之無不及茲分紀如左

十六年夏豫匪戴政全部萬餘人由河南魯寶郏沈一帶竄擾縣境之鯛陽城艾亭集老集滑集公立橋等地五月十六日至地里城駐扎四十餘日燒殺擄掠備極慘酷民家被殺者萬餘人牲畜財産之損失不可勝計

十七年秋豫匪李老末全部二萬餘人竄入縣境西鄉一帶盤據三月攻寨劫舍肆意搶掠其燒殺之慘遠非其他

股匪所可比擬晝則路斷行人亱則火光延及四十餘里十月十八日到行留集二十五六日到王老人集永興集二十八日到延陵集時天氣已冷本縣西北東三鄉之難民數十萬人均被迫逃至阜鳳邊境風餐露宿慘不忍言幸而至延陵集遇國軍迎擊復竄回豫境

十八年秋豫匪王太股萬餘人竄擾西南鄉地里城公立橋于集老觀巷一帶雖為時不久但為禍之慘亦與其他股匪略同

二十二年夏豫匪楊黑子劉得勝等萬餘人竄入迎仙店一帶與當地巨匪張學狼郎澤普股及豫境潰兵程耀德

李輔仁等數千人會合由老集新村集程集東竄繞城至洄溜集盤據三日南竄至潁上縣屬之南照集復回竄繞城至太和縣之舊縣集沿途燒殺擄掠為狀極慘

黄灾紀要

民國二十七年河決中牟大汎經賈魯河沙河下注入淮本縣適當其衝致罹空前浩劫全縣被災面積約佔四分之三廬舍邱墟人畜死傷不計其數迨二十八年春政府發動全縣民伕沿汎流各河修築堤防電請省府及中央派員来縣主持施工並撥發工賑以恤災黎當由省府派工程人員程瑞麟吳伯舟來縣督工災區已得縮減是年

秋本省設立淮域工賑委員會令淮域各縣成立工賑工程總隊部重新規劃堤線本縣幹枝各堤計長一千餘華里共土方一千一百餘萬立公方（參看堤綫圖）二十九年汎前防黄初期工程完成當年大汎時期雖有多數新堤潰破但災區較前更為縮減再經三十年以後賡續培修堤式均達規定限度共計完成土方二九四九六三二九七零立公方連年收效甚鉅保障生產價值實數至三十三年止共領工賑款項一百十六萬元

續編阜陽縣志卷十三終

民生工廠廠長劉介人監印
總務股主任張海峯校對

【乾隆】亳州志

（清）華度修　（清）蔡必達纂

清乾隆五年（1740）刻本

附災祥

殷太戊立亳有祥桑穀共生於朝一暮大拱太戊懼而修德三日祥桑枯死

漢綏和二年春二月熒惑守心亳入心之二度

建元元年大司徒御史長卿案行水災至亳謁湯塚

建和元年春三月黄龍見譙

嘉平五年黄龍見譙

建安十二年黄龍復見譙

晉建元二年熒惑入房心

唐貞觀十二年冬十月甘露降於亳州

開元八年正月甘露降於亳州

二十九年亳州老子祠九井涸復湧

貞元十三年淮水溢於亳州

宋建隆二年亳州獻芝草學士王著上頌

開寶七年二月蝗

咸平四年二月亳州貢白兔太清宫鐘自鳴七年亳州見白兔麥一莖兩穗

大中祥符四年知亳州徐泌獻芝草八月丁未亳州貢白兔六年秋八月野蠶成繭繰絲[illegible]

以進貢源縣麥莪再實七年冬十月甘露降太
清宮太清宮枯檜復生枝
元至元四年夏淫雨傷蠶麥禾皆不登五年七
月蝗二十七年秋八月地大震
大德元年三月黃河水溢漂沒田廬
明天順八年九月通真觀產靈芝
成化十七年二月夜地大震二十一年春二月
十字河產麒麟
弘治九年春三月天雨雹二麥摧折十三年夏

六月孝子王矩墓側產靈芝
嘉靖二年大飢十三年大飢十七年大水黃河溢趨渦河田廬盡沒二十二年黃河復歸德故道三十九年大蝗四十一年大旱
隆慶二年黃河水泛民舍漂沒冬大雪六年水五月朔日食天地晦
萬曆元年元旦日食十五年元旦雷震大雨秋旱十一年夏淫雨平地水深數尺麥盡漂沒冬飢二十二年春飢餓殍枕藉人食人二十九年

元日黄風黑霧民舍火災三十年正月大雪積深數尺五月初四日雨雹人牛樹木傷雨雹後風熱如火三十一年大飢秋七月雨雹八月大水三十七年蝗四十六年蝗七年又蝗四十八年彗星見經月

天啓元年正月雪深丈餘人不能行

崇禎五年春大水六年鵽鳥至繼至者三年七年十月朔日食白晝如夜是月初四日夜北方虹見九年夏六月天狗星墜于楚豫之境十二

年二月二十一日紅雲自北來瀰天成晦有天火飛落燒民舍官衙坊廟經數晝夜凡攜籠傍水濱避者箱內自焚此係火孽宋史紹興三十二年建昌軍新成縣有巨室篋中時有火光燔衣帛過半而篋不焚又開寶七年六月棣州有火自空墜于城北又明史天啓年間遼東城中有火自空下迤邐而焚民舍俱與此同

十三年大疫死殆盡人相食十四年樹木枯十五年九月二十六日黃水漲城不及沒者數版

十六年野大荒市無居人遍地長草木

國朝順治三年水四年水五年春旱秋大水十三年

六月淫雨壞民廬舍禾漂沒秋冬旱十二年夏大水七月朔日食

康熙四十二年亳州饑四十八年自夏淫雨至秋大水是年大饑至四十九年秋成後始安集

雍正九年舉報壽婦單懷臣之妻張氏一百零一歲

恩賞緞一疋銀十兩禮部題請

旌表給與建坊銀三十兩坊曰貞壽之門

乾隆元年奉

恩詔舉報壽民趙振鐸一百零六歲周德茂一百零二歲各

恩賞緞一疋銀十兩禮部題請

旌表給與建坊銀三十兩坊日昇平人瑞

【光緒】亳州志

（清）鍾泰、宗能徵纂修

清光緒二十年（1894）活字本

封授正二品花翎四品銜升鈌用亳州知州會稽宗能徵纂修

雜類志 祥異

殷

太戊立有祥桑拱立於朝一暮大拱太戊懼而修德三日祥桑枯死

漢

成帝綏和二年春二月熒惑守心亳入心之二度

桓帝建和元年丁亥春二月黄龍見

靈帝熹平五年丙辰黄龍見

獻帝延康元年庚子黃龍見

魏

文帝黃初元年庚子十一月甲午九尾狐見

晉

建元二年熒惑入房心

後魏

孝靜帝武定三年乙丑十月有司奏南兗州陳留郡民賈興達家得毛龜

後周

高祖建德五年癸巳黑龍墜死

隋

文帝開皇中大水百姓饑饉

十六年後連歲水災

唐

高祖武德三年庚辰大水

四年老子祠枯樹復生枝葉

太宗貞觀三年己丑大水

十二年戊戌冬十月甘露降

十八年甲辰秋大水

高宗永徽四年癸丑秋大水

元宗開元六年戊午旱

八年甘露降

十六年旱

二十九年老子祠九井涸復湧

天寶四年乙酉九月大水

八年庚申正月甘露降

二十四年丙子老子祠九井涸復湧

代宗大歷十一年丙辰秋大雨水害稼

德宗貞元十三年丁丑七月淮水溢入亳

文宗太和三年己酉大水害稼

武宗會昌二年正月癸亥地震

五代梁

太祖開平四年十月大水

後唐

莊宗同光元年冬十月辛卯太淸宫聖祖殿前枯檜年久再生一枝

明宗長興三年七月大水

宋

太祖建隆二年辛酉九月亳州獻芝草

開寶二年七月水害秋苗

五年七月水傷田

七年甲戌二月蝗四月水

太宗端拱二年己丑六月河溢東流泛民田廬舍

三年旱

淳化四年癸巳秋霖雨秋禾多敗

五年甲午雨水害稼

至道二年丙申七月蝗生食苗

眞宗咸平元年戊戌甘露降迺眞觀靈寶柏樹

四年辛丑五月亳州貢白兎麥一莖兩穗十二月太清宮鐘自鳴

景德二年乙巳七月汴水決南注亳州合濊蕩渠東入於淮

大中祥符四年辛亥六月丙午二龍見禹祠七月知亳州徐泌獻芝草八月貢白兔

五年八月亳州獻芝草

六年癸丑七月亳州團練使高漢英獻芝草八本八月野蠶成繭繰絲併絮以進十月太清宮甘露降枯檜生枝十一月判亳州丁謂獻芝草三萬七千本

七年甲寅春正月判亳州丁謂獻白鹿一芝草九萬五千本八月知亳州李廸獻禾一莖三穗至十穗冬十月太清宮甘露降枯檜復生枝葉

仁宗至和二年乙未五月麥秀二岐

神宗熙寕四年辛亥四月遣使按視亳州災傷

六年癸丑麥一莖三穗

十年禾生二穗

咸湻三年夏霪雨傷蠶禾麥皆不登

四年七月蝗

元豐八年麥一莖二三四穗

金

章宗貞祐四年蝗

泰和四年大水

宣宗興定元年戊寅大水

元

世祖至元四年丁卯夏霪雨傷蠶麥禾皆不登

五年戊辰七月蝗夏秋久雨害稼麥禾豆皆不登八月大水

二十七年庚寅八月地大震

成宗大德元年丁酉三月黄河水溢漂没田廬

仁宗皇慶二年癸丑六月河決

泰定帝泰定三年丙寅十二月河溢漂民舍八百餘間壞田二千三百頃免其租

順帝至正四年甲寅蝗

明

英宗天順八年甲申九月通眞觀產靈芝

憲宗成化十七年辛丑二月夜地大震

二十年甲辰春二月十字河產麒麟

孝宗宏治九年丙辰二月雹二麥摧折

十三年庚申九月孝子王矩墓側產靈芝

十四年八月渦水白可鑑翌日濁如泔漿凝兩岸沙石上者如土粉十七日乃澄

世宗嘉靖二年癸未大饑

十二年蝗

十三年甲午大饑

十七年戊戌黃河水溢入渦河田廬盡沒

十九年庚子河決野雞岡由渦入淮沿淮州縣多被水患

二十二年黃河復歸德故道

三十九年庚申大蝗

四十一年壬戌大旱

穆宗隆慶二年戊辰黃河水泛民舍漂沒冬大雪

六年壬申水五月朔日食天地晦

神宗萬歷元年元旦日食

五年丁丑正月朔雷震大雨秋旱

十一年癸未夏霪雨平地水深數尺無麥冬大饑

十五年元旦大雷雨秋旱

二十二年甲午春飢餓殍枕籍

二十九年辛丑正月朔黃霧黃風晝晦火災民舍

三十年壬寅正月大雪積數尺五月雨雹傷人畜樹木後風熱如火

三十一年大飢秋七月雨雹八月大水

三十七年己酉蝗

四十六年戊午蝗

四十七年蝗

熹宗天啟元年正月雪深丈餘人不能行

莊烈帝崇禎五年春大水

六年鷄鳥至繼至者三年兎頭鷄身鼠足供饌甚美人犯其骨立死十月朔日食白晝如夜初四日北方虹見

十二年己卯二月二十一日紅雲自北來彌天有火飛落官署民舍皆災經數晝夜不息民擕箱篋避火者箱篋皆自焚

十三年庚辰大疫饑人相食

十四年辛巳大疫冬大寒樹木枯

十五年壬午九月黃河溢城不没者數版

十六年大饑市無居人遍地長草木

國朝

世祖章皇帝順治三年丙戌大水

四年大水

五年戊子春旱秋大水

十一年丙申六月霪雨壞民廬舍禾漂沒秋冬旱

十二年丁酉夏大水

聖祖仁皇帝康熙四十二年癸未饑

四十八年己丑夏秋霪雨大水是年大饑

高宗純皇帝乾隆四年己未河決

七年壬戌水災饑

九年甲子飛蝗過境
十年乙丑水災
十一年丙寅秋水災
十四年大水
十五年大水
十八年癸酉城父村章華臺產靈芝
二十二年丁丑秋水災
二十六年辛巳河決楊橋壞永清大橋
三十五年庚寅飛蝗過境八月十五夜紅雲起西北中有白
氣

三十七年壬辰秋大稔

四十三年戊戌河決儀封復壞永清大橋并沖塌打銅巷趙家衕漂没廬舍

五十年乙巳六月地震秋冬大飢斗麥千錢人相食

五十二年丁未二月火自北門外來鳳街延燒至城内大寺

秋黄水

五十七年壬子旱災

仁宗睿皇帝嘉慶三年戊午黄水

四年已未蝗

八年癸亥除夕黑風

十二年丁卯四月火災仁義街
十三年戊辰正月黃風火災新街
十五年庚午正月黃風火災天棚街
十八年癸酉九月黃水沖壞仁和順河二街漂沒兩岸并附
城民舍數十萬間
二十一年丙子冬大寒
二十四年己卯黃水
宣宗成皇帝道光元年辛巳大疫
十二年霪雨傷稼河溢漂沒廬舍
十三年大饑人相食

十六年夏蝗

十九年夏大旱

二十一年河溢由渦入淮

二十三年河決蘭儀縣亳大水

二十四年河決開封亳大水

二十七年有白氣如練自西南起數月不散

三十年秋城東黃豆作人頭形老少男女鬚髮如繪

文宗顯皇帝咸豐元年辛亥正月黃風起西北屋瓦皆震是

年桃李重芳後結實成刀劍形

三年春竹盡花枯死六月地大震有聲如牛

四年楊花如芙蓉
六年蝗
七年春饑野有麥自生夏蝗塡塞市廛殆遍
十年七月大水田廬淹没
穆宗毅皇帝同治二年癸亥春饑二月初六日黑風竟日昏
暗如夜夏蝗
三年野生豋豆可食
六年麥大熟
十二年八月霪雨十日傷豆
光緒二年丙子旱蝗

七年南鄉粟一莖雙穗

十六年秋八月十五日防營火藥災自三皇廟起延燒大廟

九座民舍數百間死者數百人

十七年秋蝗有黑蟲白腹食粟葉來去無踪城西北鄉甚多

十八年秋蝗蝻食粟葉殆盡冬大雪

十九年癸巳秋有收冬旱

二十年甲午春旱牛瘟多死夏雨時行秋有收

二十一年乙未仲春之月十有七日大雷電雪夏五月麥大

有收閏月大雨積潦於途壞城垣及民舍甚多

【民國】重修蒙城縣志

汪篪修　于振江、黃與綬纂

民國四年（1915）鉛印本

重修蒙城縣志卷十二

雜類志

祥異

淮南子曰身有醜夢不勝正行國有妖祥不勝善政春秋所以書祥異者其旨微矣吏冥冥犯法即生螟乞貸即生蟘身世道之責者德可弗戒與

晉

太康二年地震

東晉

大興二年三年蝗

隋

大業七年山東河南大水漂沒三十餘郡渦上通黃河亦被災

元

至治二年大雨傷稼

至正十九年大蝗

明

成化二年大饑

弘治六年大雪三月

正德三年大饑人相食復大疫

六年流賊屠城

十一年許廷桂宅產靈芝三本

十二年麥秀雙岐

嘉靖元年蝗冬大饑

二年春大疫人相食遣戶部侍郎席書賑之

九年黃河水入城壞民舍

二十二年大水移河崩城大壞田舍

二十七年春正月十一日雨大水

隆慶三年十二月初七日晝星隕蔣疃集西光芒有聲入地深尺餘農人掘之得

一石大如杵其色碧上有金星

萬歷七年春雨三月大飢

八年九年四鄉生野稻連年水災生民賴此得食

十六年大旱

二十一年大水

二十七年麥秀雙歧

二十九年三十一年黃河泛入渦入城壞民舍

三十二年春大飢夏大疫

三十三年大疫人相食

三十八年蝗

三十九年大水

四十五年大蝗

四十六年水

四十七年三月二十一日晝晦是月不雨至九月猶無雨大旱

四十八年夏雨雹傷麥鳥鵲死者甚多

天啓元年冬大雨雪

二年地震

六年旱兼蝗

崇禎六年有鳥名冠雉鳩身兎蹄飛如兵戈之聲自北而南

七年大蝗

八年九月初八日闖賊犯蒙

九年水

十年二月赤風自西北來火氣逼人

十一年鄉民吳開太家產靈芝一本

十二年風霾障天自西北而東白晝如夜

十三年旱大飢

十四年三月大疫人民十死八九

十五十六二年黃河水泛入城（壞民廬舍）

十六年地震

十七年二月十九日日套九環

淸

順治三年四年五年六月皆大雨壞城

七年冬十月初一日日食晝晦見星

九年旱

十年十一月地震大雪

十一年地震

十三年大雨水渰没禾稼蠲免正賦三分之一

康熙六年大雨水渰禾蠲免正賦之三

七年六月十七日地震異常倒塌民房無數

九年十二月大雪連旬井泉皆冰樹木盡萎

十年旱蝗大飢撫院靳會同總督特疏給銀賑饑民賴以活

十一年夏四月蝗蝻遍生總督麻撫院勒竭誠祈禱蝗蝻皆抱草附木而隕民得収穫

十三年旱秋無禾總督阿撫院勒會題蠲正賦十之二知縣趙育昌又方撫綏民賴以安

二十年麥秀五歧並三歧者數十本

四十八年大飢

五十二年大水

雍正元年大水

乾隆二年大水

六年大水

七年復大水人相食

九年大水

十一年至十五年皆大水

五十四年麥秀四歧

道光二十一年二十三年黃河水泛由渦入淮

同治十三年夏慧星見西北秋大水不爲災

光緒二年旱蝗慧星見北方

四年大疫是時河南山陜三年大饑人相食人民流入蒙境者徧地皆是瘟疫到處傳染

六年正月初一大雪而雷

七年正月城北仁智村牛産一麟三日而死

八年冬雨木氷野鳥多凍死

九年大水歲飢自三月至九月霪雨不斷麥禾皆無

十二年民間盛言地生毛

十九年九月初四日地震撼房舍有聲

二十二年三四月大水八月地震聲自西北而東南

二十三年大水歲飢十一月二十五向夕有火自東北流向西南砉然有聲遂有白烟一道屈曲如虬龍久而後滅是歲少蠅多[illegible]

二十四年大水歲飢人民多餓死七月十六夜枉矢星如梭織十一月渦陽縣屬之西曹市集牛世修起事焚掠龍山雒門集等處爲懷玉郡大發劉疙瘩等率飢民應之蒙邑震動旋即撲滅事聞政府大發賑邑侯曾書紹撫綏民以稍蘇

二十五年大疫人病瘪羅痧多死九月初四夜天鼓鳴　十月朔日食

三十年正月初六夜雷電　二月朔日食　十二月十二日大雷電　多雨傷禾

三十一年二月初一雹　十五日晚大雷電而雹　水麥禾皆失收

三十二年春徧地生蘑菇　夏大水無麥禾　歲大飢道僅相望上司以王公樹鼎前有惠於蒙特委署篆盡力撫綏民多蔽死

三十三年熒惑入南斗水不爲災

三十四年水六畜生瘟　麥生黑白虫如小蠶食麥旋有虫食此虫殆盡

宣統二年大水爲災人民逃亡無算　是年正月十五夜月甚明倏有白氣如綫東北西南長竟天十八夜雲黑如懸中有白氣一道自東北而西南氣象慘惡　又有慧星出自西方歷半月而滅旁民謗匪因歲饑大肆貲鼓聲音破城人心惶惶　六月二十七八九日晝夜大風雨而不止平地水深數尺深者丈餘壞城郭廬舍漂人物牲畜禾麥殆無八月縉民張學謙李大志等起事旋即撲滅連累受誅者無算

三年水　自三十一年至此年無歲不水惟宣統二年最甚　巡撫朱家寶奏免錢糧知縣于碩請賑活饑民近三十萬

多鼠　人病鼠疫

民國二年旱　舊歷七月二十四土匪陷城　八月十五日月食既　虫傷豆

三年春訛言鷄翼生鈎鈎人及啄人至死　四月十二日將昏有虹出西北　夏秋蝗蝻交生

七月十九日雨夜大風雨拔木偃禾北關有廟全脊爲風掃去南門內石坊吹倒壓民舍死一人

七月有飛鳥如雲蔽空而過鄉人鎗擊其一狀類鳧雁頸長尺餘去其毛肉具五色人不敢食亦無識其名者八九十月桃李花　辛夷花歷秋及冬至今春不斷

四年正月十一夜雨雷電

（清）都寵錫等修　（清）李道章、鄭以莊纂

【同治】潁上縣志

清光緒四年（1878）補刻本

潁上縣志卷十二

知縣都寵錫纂修

中國科學院圖書館藏

雜志祥異　風俗
　　摭記　存考

昔人云物必有類雜之云者不相類而類之也災祥本乎天風俗本乎地而古今名言軼行瑣事叢談或資多識或備參考則又本乎人三者匯爲一册而名之曰雜志不類之類亦從其類也昔孔子作十翼以贊易而有雜卦傳又曰物相雜故曰文雜固文之所由生哉諸志之外不得則弗備故以此爲志之終

祥異

明

成化五年民人楊鎬圃生芝草

二十年生員王翃廬父墓池生並蒂蓮

宏治十五年監生杜煥廬父墓側生瓜皆並蒂

嘉靖二年夏麥秀三穎或五穎穀有雙穗

萬歷三十七年大有年

三十八年夏蝗不爲災

夔州同知名顯百歲有奇在嘉靖隆慶間

國朝

順治二年甘露降

十二年庠生汪源泗壽百有三歲

康熙二年夏麥大熟

二十一年夏麥大熟

二十八年大有年

三十二年民人廉某壽百有三歲

四十九年夏麥大熟

五十五年麥秀三歧

五十六年民人王某一產三男

五十七年蝗不入境

六十一年查報老民九十以上二人八十以上十五人七十以上四百四十八人賞賚有差

雍正元年春慶雲見

四年大有年

十三年查報老民九十以上五人八十以上一百九十八七十以上五百二十九人賞賚有差

乾隆元年請旌年一百有八歲壽婦劉杜氏又查報八十以

上生監十八人准給八品頂戴

九年七月蝗不爲災

十二年民人周某一產三男

十四年請旌年一百有四歲壽婦鄭龔氏

十六年請旌年一百有一歲壽婦馬張氏又查報老民八十

以上八十八人七十以上一百四十五人賞賚有差

二十六年查報老民八十以上五十九人七十以上二百八

十八人賞賚有差

三十七年查報老民九十以上四人八十以上四十四人七

十以上一百六十二人賞賚有差
四十五年查報老民九十以上二十二人八十以上九十二
人七十以上二百十四人賞賚有差
五十五年查報老民九十以上九人八十以上七十四人七
十以上二百十二人賞賚有差
生員江帶河母楊氏壽百有四歲
嘉慶元年查報老民九十以上九人八十以上七十四人七
十以上二百六十九人賞賚有差
五年查報老民七十以上四百三十人

十四年查報老民九十以上七人八十以上九十四人七十以上二百三十四人賞賚有差

二十年麥秀雙歧

三十四年查報老民九十以上十三人八十以上一百四人七十以上二百六十八人賞賚有差

二十五年查報老民九十以上三十人八十以上九十七人七十以上四百七十九人賞賚有差

道光三年麥秀雙歧

四年醫者徐路山妻一產三男

五年民人雷天行壽百有五歲

民人牛勉妻曹氏壽百有二歲

六年民人張倹壽百有二歲

民人王子厚壽百有二歲

民人楊統嗣妻穆氏壽百有二歲

民人黄玉壽百有一歲

十五年麥秀雙歧

二十二年歲大熟

二十四年從九銜常宗孔妻周氏壽九十有四五世同堂

咸豐元年生員常獻西妻王氏壽登百歲

五年城東壽民卜有依年百有二歲

七年江劉集壽民李克長年百有六歲

同治三年新河口民婦一產三男

六年麥秀雙歧或三穎或五穎西五十里舖梁文德妻年四十六歲一產三男

宋

開寶六年潁州淮淠水溢渰民舍田疇甚衆

太平興國二年六月潁州潁水漲壞城門軍營民舍淮潁水溢潁上

必不免故志之

五年五月潁水溢壞隄及民舍

元

至元二十五年大水

二十七年大水

元貞二年大水

明蠲賑可考者用側註

正統二年潁水漲渰没民田廬

天順四年潁水漲渰没民田廬

成化二年大水浸城者數板歲大饑
十三年冬桃李花有實如瓜體空不堪食
十六年春地震秋霪雨豆米腐次年大疫
宏治六年九月二十五日大雪至次年二月終始霽
七年四月初三日夜北風大作雨雹傷稼
八年七月十五日午驟雨即止日色中見三龍隨雲上下相
持北行所過屋瓦皆飛
十七年五月十二日午颶風自西來晝晦船多漂没秋大饑
疫

正德三年大饑

六年怪鳥鳴

七年三月流寇圍城

嘉靖元年七月二十四日大風拔木禾盡偃冬燠諸果皆華有實者歲饑

二年夏大旱秋霪雨淮潁水溢傷穀冬積雪六畜斃殆盡十

二月二十八日大雷電雨水盡黑

三年正月朔地夜震春大饑

隆慶六年八月大水

萬歴三年七月二十日大風自西來拔木城上睥睨皆傾

九年六月雨雹如鷄卵

十年地震

十二年六月初八日大風拔木

十三年四月地震棟宇有聲

十五年正月朔雷震是年大旱

十八年三月初三日大風折木城郭皆動秋潁水南岸有龍起南入龍池灣壁馬蛭數石次日復自龍池灣起失所往

二十一年夏久雨傷麥潁水入城東門深丈許城半圮廬舍

禾稼一空人畜漂没挂樹間樹巔生根大饑免賦

二十二年春大饑餓殍滿道發帑賑秋地震

二十五年八月二十九日地震淮潁水沸爲災

二十九年除夕大風晝晦西關火災數百家

三十年五月初四日雨雹大如卵

三十一年春大疫民病傷死者十之六八月大水陸地丈餘

大饑發臨平倉米賑

三十二年春大饑夏大疫

三十四年九月桃李花雨雹

三十六年秋大旱

三十八年秋冬大旱十二月二十四日立春雷震

三十九年元日雷震春大饑官置十五厰賑

四十二年蝗禾麥樹葉皆空

四十七年大雪鳥多餓死

天啟元年春大雪苦寒人多凍死

四年五月大旱蝗

七年五月大大水穀無遺種

崇正四年六月大水

五年大水

六年有鳥貓頭兔足梟鳴羣飛不集林木食者死

八年正月流寇掠南照集縣城譬嚴刀鎗生火長寸餘色青白九月寇復至

九年流寇圍城

十年流寇圍城

十三年大旱蝗七月大風拔木斗米千錢十二月大雪樹介

十四年四月大疫青蠅大如棗飛蔽天民閤戶死者無算

十六年十二月初二日丑時地震屋宇皆動

十七年土兵許黑子謀反掠城內

國朝

順治五年大水人盡巢居七月旱 錙賑見食貨志不複

六年淮水溢壞民田廬

八年羣狼入境

九年二月十五日丑時地震屋宇皆動舟有覆者六月大旱

禾稼皆枯

十二年大水

十三年春水災六月旱

康熙十七年春隕霜殺麥

三十五年大旱

四十三年秋水災

四十八年霪雨無麥潁水入城東門歲饑

五十八年水災

六十一年十二月雷

雍正五年秋七月水災

八年八月十七日地震

十三年秋水災

乾隆元年秋水災

四年潁水入城東門

六年秋水災

七年七月旱八月大水

十年秋水災

十一年大水

十二年水災

十三年五月水傷麥

十四年水災

十五年水災

二十二年水災

二十六年水災

四十七年大水至縣東門是年河決

嘉慶四年蝗

八年除夕大風拔木

十四年三月穀雨前一日大霜越二日雹巨如卵

十七年北關熊某家豕生白象

二十二年大水至縣東門是年河溢

二十四年大水至縣東門是年河溢

道光十二年河溢大水廬舍漂沒過半九月地震有齎屋宇有至傾覆者歲饑

十三年歲荐饑斗米兩千錢餓殍載道秋大水

十四年大水

十九年河溢大水除夕雷震

二十一年河溢大水十月十五日大風拔木

二十三年河溢大水

二十四年河溢大水

二十七年二月二十八日火光徧野數日始滅五月十三日

地震

咸豐三年春雨粟秋李結實如王瓜

四年粵逆四次竄境縣城失守

五年捻逆竄境大肆焚掠

六年捻逆兩次圍城鄉間鬼火徧地如列陣狀秋大旱蝗

七年二月捻逆糾合粵賊圍城四十三日夏四月雨雹蝗蝻

入城五月大疫人死過半白骨徧野歲大饑食樹皮野穀殆

盡

八年歲荐饑人相食蒿萊徧地狼入境雉兔成羣不避人飛

蝗蔽天

九年蝗賊大掠十二月十三日焚燬東南二關

十年蝗

十一年蝗六月十八日逆役白明勾結捻匪破城十一月逆

首張樂行入據之盤踞九閱月

同治二年春怪鳥鳴三月十六日逆練苗沛霖誘殺知縣濮

瑋十八日破城盤踞二百餘日

五年三月十七日城外隕石數十枚重二三十斤或十數斤

聲震如雷秋初霪雨連旬沙河水漲禾稼俱空歲饑

六年水災

七年河溢大水

八年四月雨雹大如鵝卵

九年正月立春日大雪雷震

【民國】太和縣志

丁炳烺修　吴承志纂

民國十四年(1925)上海中華書局鉛印本

太和縣志卷十二

雜志

災祥

宋太平興國二年六月大水壞民舍

淳化四年秋霖雨敗稼

天聖五年大水

治平三年大水民饑

元延祐三年四月河溢

致和元年五月蝗

至正二十年黄河决被患

二十七年黄河復决

明洪武二十四年黄河决陽武沙河水溢

正統十三年黄河决滎陽東抵項城逮太和

成化二年大水漫城尺許並大饑

三年水復大饑

弘治六年九月二十五日大雪村落莫辨河冰堅合禽鳥絶飛至次年二月終始釋歲大熟

正德四年春大饑人相食

十三年麥秀兩歧秋穀之並穎者倍

嘉靖元年秋七月二十四日大風拔木禾稼盡空冬氣暖

如春草木皆華間有實歲洊饑
三年正月元旦夜地震春大饑疫
十三年大蝗田無遺穗
十五年夏五月大水禾盡淹
十六年大旱
十九年大蝗
隆慶二年大雪深丈許
萬曆十五年元旦雷雨五月水傷禾秋大旱
十六年復大旱
二十一年霪雨漂麥大水樹杪生根冬大饑

二十二年春饑人相食秋大熟

二十六年地震雨雹

二十七年臥龍岡獲虎

三十一年黄河水溢入境

三十八年大蝗

四十八年大蝗

天啓元年春大雪深丈許

五年慧星見東方

崇禎五年大水

六年復大水

七年春鵽鳥至狀似鳩啄麥根三月五月大蝗秋黑風自西北來白晝如夜地震有龍見界首集是日無雲鱗爪畢露未幾飛蝗至

八年三月地震夏五月飛蝗復至六月大雨秋禾淹

附吳世濟申報災傷文　爲疊罹重災民不堪命事竊照太和蕞爾小邑地薄民窘差煩賦重自庚午年來饑饉洊臻災沴疊見僅存孑遺方延殘喘豈期今春正月十五流寇破潁突至布滿四野焚殺劫擄慘傷殊甚桑麻之地悉爲戰場老弱殞命少壯離散幸賴本縣多方撫慰至今逃亡尚未盡復詎意天不惠和方春亢陽百

日不雨狂風日吼二麥枯死五月望旬始得微雨布種秫豆等禾方長之際又遭大蝗漫天飛來密集田間誰知天意越打越發數日間遍地諸苗一概食毀所遺根蹅希望再發自六月初六日雷電交作大雨時行晝夜如注旬日不息平地積水一望江湖廬舍飄沒民無棲止況時已立秋欲種無期十室九空戶戶絶烟民生何賴額課何出匍匐前來叩恩轉達生死肉骨出自爺臺結草啣環頂戴二天哀哀泣告等情到縣據此該本縣知縣吳勘得太和之苦苦之極矣縱不望三饑四穰亦還望二毀一登今頻年以來崇禎五六兩年大水爲災

矣六年之冬七年之春鳥之從山海而來者齧啄麥根矣三月而蝗五月而又蝗六月而亢旱去年報勘九分災在案若總三年計之此非九分乃二十分之災也民之流且殍者真不翅十家而五六也至本年正月之望日復遭流寇之蠢雖城守無虞而城門之外但是寇所經行地面殘殺之慘有圖難繪寇去復苦亢旱幸而得兩麥之上場者什不及一刈麥之後又復苦旱又幸而得兩秋禾得播青青入望不意飛蝗從淮上蔽天而來嘬食秋禾小蝗爲坐蝗可以撲捉飛蝗爲老蝗民與之相逐隨飛隨集無可如何徒有仰天號哭而已然蝗之

所苦者雨得雨而蝗病稍戢其毒不意霪雨連綿自六月初六日起至二十日迄無開霽之期陸地成江舟行於市蛙鳴於釜秋禾之布根舒穗者淹殺殆盡職之無艮逢天癉怒災障重重民靡孑遺昔之所患者在無年今之所患者在無民理合瀝血哀控伏祈亟賜委官踏勘除新舊條折懇恩查照明旨事理允詳蠲緩外仍祈詳示下縣作何設法賑濟招撫則太和猶不至於無民也無民卽無縣矣

十四年肥河水溢壞民廬舍

清順治十五年二月地震有聲夏雨月餘麥淹

十六年春大水河隄崩九月日午有星如斗色紅隕西北聲如雷三日後又隕如前冬饑

康熙七年雨蕎麥復經早霜未穫

二十三年夏飛蝗大至

二十九年牛疫死幾盡

三十年夏六月蝗蝻至

三十一年大蝗

三十四年夏蓬一蔕兩瓜處多

四十五年大水

四十八年夏秋皆大水浸沒田廬居民逃散幾盡

四十九年春饑夏麥大熟鄉民朱陞地一莖五歧
五十年耿萬壽劉國棟年皆九十七歲恭逢萬壽赴闕慶
賀恩遣諸王慰勞賜衣賜宴而還
五十二年秋七月大水
六十年夏李樹生王瓜長二寸外有刺中虛
六十一年二月地震四月又震有聲如雷
雍正元年夏六月飛蝗大至秋七月蝗蝻生冬十月黄河
水至縣境河皆溢
十年四月初五日熒惑入房二度
乾隆四年夏六月黄河水至沒民居秋七月沙河水溢圍

城東西城址各圮一角冬饑
六年六月大雨至八月止淹禾民饑
七年四月雨雹傷麥五月雨至八月始霽民大饑
八年大疫
九年大水
十一年四月大雨至七月大水
十二年復大水
十五年十二月初一日李峻妻關氏一產三男
十九年夏霪雨傷禾稼民饑
四十三年大水河溢

五十年大旱

按乾隆年間有關廷弼年九十三歲妻某氏年亦九十

知縣贈舉案齊眉額

嘉慶十二年李泰隆親見七代五世同堂

十八年秋七月至九月慧星見西北方長數丈

二十年秋七月至九月慧星見西北方

二十四年黄河水至自六月初三至八月十一日雨不止

被水災饑溺死者甚衆

二十五年二月初三日迅雷暴風大雨雹

按嘉慶間有卞懷玉年一百九歲隨洞年九十歲陳子

常年九十歲皆五世同堂親見七代例給帑建坊又呂文學年一百五歲劉朝選年一百三歲皆建坊年分未詳

道光五年六月蟲食豆

八年十月地震

十年四月地震

十一年八月地震陷民廬舍

十三年六月大雨禾盡淹民饑七月大風拔木

二十一年七月黄河水至六十四堡被災

二十三年夏黄河水復至沒民舍縣城東西北沙河水溢

圍之
二十四年黃河水復至
二十九年夏大水城圮數十丈
咸豐元年正月大風霾黃霧四塞
六年旱飛蝗大至食禾幾盡
七年蝗復至
九年曹順岡堡李樹生王瓜
十年六月至七月夜有黑氣長竟天自西北向東南行
同治四年曹順岡堡麥秀兩岐
六年春甘露降

七年黄河决滎陽西北境被水民饑
十一年六月太白晝見
按同治間有張九重年九十五歲卞心悅年九十四歲
又庠生李從寬朱尙友年皆九十二歲丁仲王琮年皆
九十一歲同時恩給七品冠帶
光緒二年旱蝗
三年旱饑是年傅大位壽九十二歲五世同堂
八年冬十一月十二日大雷
九年正月元旦雨冰雹
十一年譚令名妻楊氏年九十一歲五世同堂

十三年黄河决破水溢

十四年河水溢縣城

十五年麥秀雙歧

十七年飛蝗入縣境西北

二十年夏大雨田禾傷

二十二年張蒿壽年九十二歲五世同堂王心亮年一百一歲知縣王贈以國瑞家祥額

二十三年馮占恭年九十六歲五世同堂親見七代知縣顧贈以匾額

二十五年飛蝗至縣西北生蝗子

二十七年春夏多大風拔木
三十四年四月至六月連降冰雹
宣統二年秋大雨晚禾被淹
民國二年六月初一日雪降尺許界首集蒼溝鋪雨冰雹
三年二月大風五月雨冰雹
六年正月地震
十年五月連日雨傷禾
十一年馬素位年一百二十三歲李尚卣夫婦皆年八十
四歲五世同堂
十三年張廣寒年八十歲五世同堂又阮國賓年七十五

歲四世不分爨五世同堂親丁一百五口知事丁表曰義門杜瑞祥年八十八歲其曾祖文年九十七歲祖成勉年九十三歲父華功年九十一歲卒

知事贈額曰四世大耋

（清）何慶釗修　（清）丁遜之等纂

【光緒】宿州志

清光緒十五年（1889）刻本

宿州志卷三十六

知宿州事何慶釗主修

雜類志

祥異

周

定王十六年宋災時都相城樂喜爲政

靈王二年五月甲午宋災伯姬焚死

漢

初元五年夏秋霪雨連旬壞民廬舍水流殺人

河平二年正月沛郡鐵官鑄鐵鐵不下隆隆如雷聲又如鼓音工者十三人驚走音止還視地陷數尺鑪分爲十一鑪中銷鐵散如流星皆上去

後漢

元和二年芝生沛如人之冠然

建武二十四年六月丙申沛國睢水逆流一日一夜止

晉

大興元年臨涣蝗二年蝗

劉宋

元嘉二十年蕲縣獲白鹿太守鄧琬以獻

唐

貞元十八年苻離安阜屯獲白兎時韓愈居苻離睢上有賀白兎狀

後唐

明宗時宿州獲白兎安重誨曰兎陰且狡雖白何爲卻而不受

宋

建隆元年春宿州火遣使恤災三年六月宿州饑賑之

開寶二年秋宿州水殺苗

太平興國八年九月宿州睢水溢浸田六十里

景德四年宿州麥自生

熙甯四年四月宿州災遣使按視仍令修飭武備

金

貞祐四年宿州蝗

元

大德六年七年八年連歲大水九年州仁義鄉

龍山民家產芝二本

元統元年河决東鎮破睢而下水勢漫天

至元三年睢水東下漂没田廬十四年睢河决

流竭

明

成化十七年秋霪雨傷稼十八年大旱民飢且

疫

宏治二年河決原武泛濫宿之苻離田廬淹没民多溺死六年大雨雪自九月至次年二月民毀廬舍以供爨燎十六年夏四月不雨至於秋九月

景泰四年夏六月旱自十月至明年二月雨雪不止東作不興

正德四年夏大旱蝗飛蔽日歲大飢人相食六年春旱無麥夏霪雨不止冬流賊突至圍城九

日居戮生靈甚慘

嘉靖二年夏旱風霾累日秋霪雨不止百穀不登冬積陰累月歲大飢迄三年春又大疫死者枕籍商販不通人相食五年春雨暘失時二麥寡種夏旱蝗秋遺蝗復生七年五月二十七夜有星如斗自宿之東南殞於西北其光移時乃滅八年至十二年連歲旱蝗民多逃亡十三年夏飛蝗入境至秋不絕禾稼無收十四年睢河決苻離南北驛路十餘里瀰漫皆水鄉十五年

夏六月至秋七月霪雨不止冬十二月至明年

春二月雨雪交作束薪千錢麥盡萎十六年四

月初五日戌時地震屋壁傾側子時復震

萬歷二十一年秋河決虞城荷離隄橋俱潰州

境半爲澤國至二十二年二十三年民多流亡

二十九年至三十一年河屢決州境半被水災

三十八年至四十年比歲旱蝗麥禾若燒奉文

令民捕蝗上倉蝗一石准糧一石四十年彗星

見於東北形如帚光如電長數十丈時或竟天

四十六年夏霪雨秋旱蝗與青蟲並起食禾豆歲大飢四十七年夏旱禾苗皆枯歲大飢四十八年秋八月日晡日下有數黑摩盪良久不散

崇禎六年七年秋俱霪雨州北禾稼盡沒七年春地震越九日又震秋東南白氣如練冬彗星見八年秋有鳥羣飛自北而南其色類鶖其趾如兔野宿羣集徧州境人呼曰沙鳥是年相山西麓產芝三本九年七月大星西隕如雹如雷蓋天狼星也明年春鳳陽陷十年正月九日學

宮古檜吐煙若篆異香襲人十二年州北鄉刺蓬滿地枯轉隨風人謂之離鄉草蔣山吼鳴如雷冬相城鄉磷石坡產芝一本如箕十三年十四年宿州出人面豆水旱頻仍流賊迭至大疫枕莩載道人丁幾百不存一

國朝

順治五年秋有蟲類小螬廣翅長眉食禾黍殆盡

六年十月朔辛巳日食既星見雞鳴

八年二月十五日地震

九年十月河決荆隆口繼以霪雨爛麥傷禾

十六年大雨二十餘日漲河決廬舍漂沒歲大饑

十八年大水十月彗星見

康熙七年六月十七日戌時地震房屋倒壞傷人無數

九年冬大雪積月人畜多凍死

十一年二月朔雨水冰五月望大雨連綿平地

水深丈許秋蝗踵至撲地彌天督撫及本州急

下令焚捕之更竭誠祈禱蝗皆抱藁死民獲有

秋

十二年夏霪雨兩月民大饑

十三年河決毛城鋪秋無禾

十五年三月州北蔡里山有虎

十六年河決毛城鋪民多巢居

十七年河復決民多流離

十九年秋有蝗蔽天

二十年至二十六年頻年河決繼以霪雨歲大饑民多流亡

二十八年東蓮花池有虎

二十九年秋蝗冬大饑

三十一年宿蕭之間飛蝗蔽天

三十五年自五月至七月霪雨壞民舍冬大雪奇寒

三十六年春旱秋大雨河決歲饑

三十七年麥秀兩岐

三十八年夏蝗雨雹傷麥

三十九年夏大雨河決總河張鵬翮開海口去
梅花椿河患得息
四十三年四月徐文江妻王氏一產三男八月
郭梅妻孫氏一產三男俱詳報給布粟
四十四年歲大有
四十五年秋雨連月不止傷禾稼
四十六年春大雪夏大雨歲大饑
四十八年四月大雨水暴漲田廬漂沒民大饑
草根樹皮食盡斗米千錢道殣相望

四十九年歲豐

五十年春大旱秋多雨

五十一年春大旱樹頭生火風霾障天白晝如夜五十二年歲大有

五十四年歲豐

五十五年歲豐

五十六年夏蝗官民協捕民賴有秋

五十七年春旱

五十九年春大雪秋霪雨

六十年六月霪雨傷稼

雍正元年四月水五月蝗

二年二月初二日日月合璧五星聯珠

三年歲豐

四年黃水溢傷秋禾

五年歲豐

六年九月初七日雨雹大者如卵

七年秋水

十年霪雨自五月至秋八月黃水溢

十一年水

十二年黄水溢

十三年十一月地震

乾隆元年夏黄水溢隄决

三年歲豐秋蝗不爲災

四年水

五年春大寒冰雪彌月秋蝗

六年八月彗星見至十月滅夏秋水民大饑

七年五月十九日颷風猝起霪雨彌月無禾民

大饑

八年秋霾雨彗星見

九年蝗

十年春大旱

十一年夏黄水溢

十二年秋水

十四年夏水冬十月二十九日雙古堆集隕星

一

二十一年春大水

二十一年大饑疫道殣相望以下十三年州卷經嘉慶壬戌賊匪焚燬其間豐歉災祥採訪不實多闕畧

三十四年彗星見

三十五年夏蝗遍野蔽天

三十七年二月初二日風霾大作晝晦

三十九年黄水溢

四十年黄水溢

四十九年旱

五十年春大旱蝗夏四月初十日黑風從西北

來帶腥氣晝晦自未及戌秋冬大饑斗米千錢

五十一年春大饑疫道殣相望夏麥大熟民命得甦

五十二年歲豐

五十四年黃水溢田廬多被淹沒

五十五年黃水大溢隋隄以北廬舍全沒民多露處巢棲冬大雪奇寒

五十九年大水

嘉慶元年饑

三年黃水溢至五年春始歸故道

七年賊匪王潮名滋事官署民房焚燬殆盡旋平

八年黃水溢睢河附近各集被災詳請停緩銀米

九年春饑夏黃水溢睢河附近各集被災奉旨賞給籽種並緩徵

十年旱宿蒙交界賊匪劉茂修等滋擾旋平

十一年水緩徵

十二年二月十八日黃風颷起樹木有火光夏

大旱緩徵

十四年旱緩徵

十五年夏旱秋睢河附近各集牐水泛溢緩徵

十六年彗星見黃河決州北田廬盡沒奉

旨賑濟並蠲免十六十七兩年銀米

十七年西南鄉各集雨傷稼睢河附近各集牐

水泛溢奉

旨賞給口糧

十八年黃河決由亳州渦河下注泛溢入州境

西南各集田廬淹沒奉
旨賑濟蠲免銀米
十九年黃水溢入洮河沿河各集秋禾淹沒冬
大雪樹木凍萎奉
旨賞給口糧蠲免銀米
二十年雨傷稼緩徵
二十一年春夏霪雨秋牐水泛溢禾稼淹沒奉
旨賞給口糧緩徵
二十二年水奉

旨賞給口糧緩徵

二十三年濉水泛溢並上游蕭境漫口下注秋

禾淹沒奏

旨賑濟蠲免銀米

二十四年四月州東地下有聲自東北來震動

如雷室搖器鳴移時方定踰數日復震

二十五年雨傷稼濉水泛溢田廬淹沒奏

旨賞給口糧緩徵

道光元年四月朔日月合璧五星聯珠六月大

疫秋霪雨㴱水泛溢禾稼被淹奉
旨賞給口糧蠲免銀米
二年雨傷稼賑濟蠲免與元年同
三年歲豐
四年六月朔日食既星見旱蝗官民協捕且焚
且瘞尋有羣鴉及蝦蟇爭食之殆盡禾苗獲全
是秋雨復傷稼㴱水泛溢被淹各集奉
旨賞給口糧緩徵
五年春麥苗被蟲齧存者十無二三

道光十二年秋大水

十三年歲饑斗米千錢

十九年夏霪雨連綿兩月平地水深數尺涂倒民房無數

二十年歲豐

二十二年天然牐十八里屯同時並啟水如建瓴州北百餘里水深數尺或丈餘田禾盡沒

二十三年饑

二十五年有年

二十六年竹生花簇簇如穗尋萎
二十七年秋旱遍地生火如流星閃爍尋之則
滅
二十九年歲稔麥秀雙歧
三十年秋大熟
咸豐元年秋大雨潦水東注禾盡沒
二年夏霪雨兩月州西北田禾爲水渰沒秋桃
李華
三年饑雉河賊起竄擾州境民無定居秋彗星

見於西方

四年大熟春彗星復見於西方

五年賊肆焚掠十一月竄灘溪口南平臨渙等鎮所至一空

六年正月賊圍州城八日解附州村落盡燬並陷符離夏大旱飛蝗蔽野

七年春大饑斗粟千錢鬻男女者無數秋雨連旬田禾復沒

八年三月南門內災延燒數百家四月隍廟災

延燒千餘家八月彗星見西方

九年河南街災延燒數千家三月倉門口災延燒百餘家五月西門內災延燒千餘家及捕廳署

十年夏大水城內東北隅淤倒民房無數五月彗星見西方

十年賊往來州境刈收民麥人盡流離村落多墟

十一年五月二十三日彗星見戌亥方文昌東大如碗光長數丈穿紫微垣東及天漢二十日

南移五尺光掃右垣漸至斗魁三十日平斗柄第三星漸平第二星漸平第一星六月初九日近天槍十三日平招搖七月初二日平玄戈初八日彗星不見共出四十餘日

八月初一日卯時日月合璧五星連珠西方見金星

同治元年旱蝗

二年饑

三年秋大熟

四年 桃杏重華

五年夏大水驛路衝決二十里田禾淤沒山始

多狼

六年歲大饑周田疇謁 英果敏公於潁上陳

疾苦 英諭立收養局凡貧民少婦處女就食

者冊造其姓氏里居入局豢養老嫗執炊蒼頭

司戶雖親族不得擅入婦女坐臥皆重席器皿

務清潔周田疇董其事一局設睢溪一局設時

村自春徂夏四閱月藏事 英果敏公捐廉四

千緡有奇保全婦女七百餘口分董者馬孝廉家芳陳茂才𥁕滋是年麥秀雙歧歲豐

七年秋大熟

八年有秋

九年有秋

十年有秋

十一年田漸闢

十二年田漸闢

十三年田漸闢

光緒元年旱

二年大旱曠同謀叛旋撲滅蝗多官民協撲

三年捕蝗

四年捕蝗

五年歲豐捐穀儲倉

六年歲豐九月二十一日南門口災延燒數百

家捐廉撫恤

七年歲豐麥秀雙歧

八年歲豐麥秀雙歧

九年七月霪雨虞碭永夏之水建瓴而下東北時村等數十集田禾盡行淹没冬放倉穀賑濟驛路沖缺二十里水退籌款修墊

十年春東北鄉復行賑濟東南鄉極貧之戶借給倉穀是年歲豐

十一年歲豐買穀還倉

十二年六月飛蝗入境徧地遺子挖撲兩閲月又赴西鄉會永城縣郎委協撲蝗不爲災秋收告稔

十三年歲豐

十四年東南鄉收歉

【乾隆】碭山縣志

（清）劉王瑷纂修

清乾隆三十二年（1767）刻本

附祥異

春秋書異不書祥志爲實録史體也故祥異並書碭罹水患數矣舊志漫憑無可考從諸史徵録數條附星野後以明天人感召之機且使職是土者知所修禳焉

漢

建初二年大旱詔勿收田租芻藁其見穀賑給貧民

中平五年水大出

魏

景初二年九月霪雨水出溺殺人漂失財物

晉

泰始四年九月大水

咸寧二年冬十一月白龍見

永平五年夏大水遣御史巡行賑貸　七年秋九月復大水　永康元年秋七月大水

升平元年十一月壬午月掩歲星在房占曰人饑又
曰豫州有災

南北朝

承明元年四月大風雹

太和二年四月大霖雨　二十三年六月徐豫兗等
州大水

景明元年七月徐兗豫東豫等州郡大水平隰一丈
五尺民居全者十之四五

唐

大歷八年四月癸丑歲星掩房占曰將相憂宋分也
爲徐州地　九年九月甲子熒惑入氐宋分也徐
豫州地
元和元年七月月掩心中星占曰其宿地凶心豫州
分今徐州地

宋

淳熙元年秋七月蝗

元

至元十四年六月雨水平地丈餘損稼　十七年水

大德二年水

至大元年七月濟寧路雨水平地丈餘

延祐元年三月濟寧路霜殺桑無蠶　六月大雨水

傷禾稼六月遣官閲視民乏食者賑之仍禁酒

至治三年五月霖雨害稼

泰定二年六月水　致和元年春三月河決

明

洪武三年獻瑞麥

永樂十三年饑進士梁洞賑恤

成化二十年饑

正德九年水

嘉靖二年旱疫　十二年蝗　二十六年秋七月大

水　四十二年饑　四十五年大雪傷禾

隆慶二年大水　四十年大水

萬曆元年大水　二年夏麥秀二三岐多至四五岐

秋復大水巡撫王宗沐請賑　三年大水　四年

地震　十六年春大饑斗粟三錢夏疫　二十二

年大饑給事楊東明請賑　二十三年饑　二十

七年大水

天啟二年地震　五年春旱

崇正四年夏秋霪雨　九月異鳥翔集自北來飛甚疾千萬成羣雉首鳩身鴿羽鼠趾色元黄不能樹棲聲極哀夜飛向民家舉火照之輒墮人謂之反鳥　五年秋大水有蝗人饑　八年六七月有蝗大雨是秋每日向夕西方殷紅如血　十一年蝗饑　十二年夏秋蝗　八月李樹結瓜長二寸許形如瓜色青折之中空無核邑諸樹結瓜民無家

庚辰辛巳果大饑疫民逃亡冬十二月桃李華
十三年二月黑風起自西北黑氣疑雲有聲漸近
日色全晦白晝如夜凡鎗刀之屬有火光約三四
刻北風息黃沙滿地厚寸許冬土寇蠭起知縣江
泰安撫之　十四年春夏大饑先食樹木皮及各
草子漸至食人初猶避忌後且公然不為異甚有
父子兄弟夫妻相食者冬復大疫田野荒蕪撫院
史可法設法賑貸　十五年四月天鼓鳴二十四
日巳時青天無雲有聲如雷約三四刻乃止二十

六日異火忽然而起延一晝夜城中房屋十燬八九人畜多有焚死火復越城飛延門樓弔橋並堤裏外民居多燼先是有雉入城家鷄一鼓即鳴識云主火果應八月黃河蝎流賊決水南注失陷汴梁河遂斷流　十六年二月甲寅火夏庚寅復火焚民居二三千間越五日城內西南大火熖延縣治及城內外民舍並燬萬餘冬甲子南城外復火瞬息閭廂盡燼凡四火也有赤鳥如燕雙飛烟熖中所翔處磚瓦成灰

國朝

順治二年嘉禾不種自植遍四野皆青歲大稔　四年秋大雨水　五年七月地震秋豆大稔　六年九月地震　十一年雨雹傷麥　十四年秋豆大稔　十五年五月地震　十六年夏秋霖潦　十八年蝗災

康熙二年夏麥大稔　七年六月地震　十一年八月河決山西坡大水　十五年大水　十六年又大水　十七年春霜殺麥又大水自是連三歲被

水皆涸賑　十八年旱蝗涸賑十月彗星見月餘沒　二十二年霪雨傷麥　二十七年秋雨無禾

二十九年三十年三十一年三十四年歲連稔

四十年夏旱　四十四年三月大雪　四十五年夏秋霖潦　四十六年麥秀雙岐　四十七年大稔　四十八年霖潦甚久民饑賑　五十三年麥秀雙岐自是連歲皆稔

雍正三年旱　四年黃河清　八年大水　九年大稔　十三年蝗不爲災

乾隆四年大雨水民饑　詔發粟賑恤　五年六年

七年秋水災　詔連賑　九年稔　十年十一年

十二年秋水災　詔連賑　十三年十四年十五

年稔　十六年秋水災　詔賑　十七年大稔

十八年秋水災　詔賑　十九年大稔　二十年

二十一年二十二年秋水災　詔連賑　二十三

年二十四年大有年　二十五年秋水災　詔賑

二十八年至三十二年皆稔

【嘉慶】蕭縣志

(清)潘鎔修　(清)沈學淵、顧翰纂

清嘉慶二十年(1815)刻本

蕭縣志卷之十八

知蕭縣事吳興潘鎔纂修

祥異

粤自螻羊蟥虹紀諸竹簡五星六鷁書之麟經劉向洪範五行傳論十一篇集上古以來歷春秋六國至秦漢符瑞灾異之記推迹行事連傳禍福著其占驗比類相從此後史五行符瑞靈徵諸志所由作也一邑之地何必侈陳奇異然醴泉芝草亦在深巖邃谷之間而咄咄怪事間獲創聞殊非傅會今以史書所記歷代灾祥有關斯邑者紀年編輯之又益以郡縣

舊志綴撮如左皆存其實耳

後漢書宋均傳中正元年山陽楚沛多蝗

後漢書五行志中平五年郡國六水大出注臣昭案袁山松書曰山陽梁沛彭城下邳東海琅邪則是七郡

魏志黃初六年二月遣使循行許昌以東盡沛郡問民所疾苦貧者振貸之

宋書符瑞志晉太康元年五月木連理二生濟陰乘氏沛國

晉書五行志元康二年八月沛及蕩陰雨雹

晉書五行志太康二年五月癸丑徐州及諸郡蝗

宋書符瑞志元嘉二十一年甘露降彭城綏輿里徐州刺史臧質以聞（案綏輿里說見古蹟）

宋書符瑞志二十三年九月庚申嘉禾生沛郡蕭征北大將軍衡陽王義恭以聞

魏書靈徵志正始二年徐州蠶蛾喫尫殘者一百二十餘人死者二十三人

唐書五行志咸通七年徐州蕭縣民家豕出圂舞又牡豕多將鄰里羣豕而行復自相噬嚙

宋史五行志開寶二年徐州水災害民田太平興國五年五月徐州白溝河溢入州城（案白溝河屬蕭邑）

宋史太宗本紀淳化二年六月河水汴水溢

府志神宗熙寧十年河決澶淵曹村南溢于徐州方水之至汗漫千餘里漂沒廬舍老弱蔽川而下壯者無所食多槁死邱陵林木間

金史五行志大安元年徐沛界黃河淸五百餘里幾二年以其事詔中外

元史世祖紀至元二年徐宿邳蝗旱

元史成宗紀大德元年三月歸德徐邳諸縣水免其田租六月歸德徐邳州蝗通志徐邳蕭河水大溢

續通鑑綱目元成宗大德二年秋七月大雨河決漂歸

德屬縣田廬禾稼詔免田租一年

元史五行志大德六年五月歸德府徐州邳州雨五十日

元史五行志至大二年七月徐州饑泰定二年三月徐州饑天歷二年四月徐州饑

府志至正五年徐州大饑人相食

府志明永樂十三年徐州暨諸屬縣饑命進士梁洞賑恤

明史五行志正統二年徐和滁諸州四五月河淮泛漲漂居民禾稼

府志景泰三年徐大水民饑疫命都御史王竑賑恤

府志宏治元年蕭縣仁壽鄉麥多一莖三四穗舊志知縣陸本正以獻有記

府志正德十四年蕭沛大水

府志嘉靖二年蕭縣饑

明史五行志嘉靖三年徐州蝗

府志嘉靖十年蕭縣蝗

府志二十三年蕭縣地震有聲

舊志二十五年孝義鄉民家室中忽有火光須臾牛生一犢遍身鱗甲紅毛茸茸然民駭而殺之時六月盛

異聞數日猶聞香氣

〔府志〕二十六年七月徐蕭大水壞民居禾稼二十七年

蕭大水二十八年蕭水圍城四門俱塞

〔舊志〕二十九年三十年俱大水三十二年大水水退黃

河淤爲平陸大祲民半饑死刑部侍郎吳鵬奉命發

賑

〔明史地理志〕四十四年大河決於此〔府志〕是年徐蕭沛

豐大水民饑蕭兼旱蝗

〔府志〕隆慶元年六月蕭縣雨雹大如雞卵堆成岡阜三

日後乃消

府志徐蕭自三年至六年皆大水萬曆九年徐蕭碭大水

府志萬曆二年大水決蕭城南門爲巨浸民饑巡撫王宗沐請賑三年徐蕭水益大

府志三年夏蕭麥秀多四五歧舊志時知縣宋煒士民立碑頌之

行水金鑑五年大水城崩知縣伍維翰申請上疏發帑遷新治於三台山之陽

舊志十年徐蕭大水

行水金鑑十一年徐蕭河溢大水衝沒符離橋

明史五行志十二年十二月己未蕭縣山鳴如驚濤淜
湃竟夜不止
府志十六年春徐蕭大饑人相食夏大疫死者相枕
府志十七年蕭縣旱蝗已霖雨六旬秋復大水
行水金鑑十七年春夏霪雨六旬秋復大水河溢知縣
康煒申明巡撫唐應龍奏蠲租發賑
府志十八年蕭縣麥有二三歧者秋禾復有一莖四穗
五穗
府志二十一年徐蕭大饑人相食疫復盛行死者載道
督撫請留南糧賑之

府志二十六年蕭大熟

行水金鑑三十二年八月河決朱旺口及太行隄數處
民舍漂沒蕩漾二載河徙午溝始定

明史河渠志三十三年六月河決蕭縣郭煖樓

舊志三十四年十一月二十九日城南有火光長丈餘
上銳中廣月餘乃滅

舊志三十九年桃山岳武穆祠竹開花

府志四十三年蕭大熟舊志山東饑民就食於蕭者相
望

府志四十四年徐蕭地震

舊志四十八年邑東南白氣沖天達旦始沒

舊志天啟元年六月十五日始大雨七晝夜

舊志二年三月初六日夜地震有聲自東南起向西北去鄉村邑市雞犬皆鳴

通志七年蕭縣麥雙歧竟畝如一舊志夘縣陳會江作瑞麥碑

舊志崇禎元年夏蝗截麥穗滿地

府志二年蕭縣隕星如狗頭著地尚熱舊志是年大水麥秋未獲一粒

行水金鑑三年九月河決西洋廟口及十七舖口邑大

水

舊志四年五月十六日酉時青天無雲忽有白氣一縷細而直起東南經城西北六月迅雷異颶大雨暴至演武廳被風吹去不知所在後邑人至山東境見人家屋梁上有蕭縣演武廳五字

府志九月有鳥羣飛自西北來狀如鳩而兔趾色元黃不樹棲夜飛向民家舉火照之輒墮人謂之反鳥蕭豐諸邑皆有之舊志或云鷃鳥出沙漠

舊志五年正月朔雷府志秋有蝗蕭豐諸邑大水人饑

通志七年蕭縣山鳴舊志時流賊至鳳陽禁旅邊鎮諸

軍絡繹取道於蕭支給騷擾民不堪命六七月大雨飛蝗蔽天食禾稼至樹葉皆盡府志或入人室中齧毁衣物

行水金鑑七年八月豐蕭河溢大水

府志八年六七月大雨有蝗蕭縣爲甚

通志九年正月蕭城北門鎖無故自開者三舊志正月二十一日流賊突至圍城城破八月河溢十年旱蝗

舊志十一年西山鳴聲隱隱如鼙鼓又如空甕迎風自子至辰鳴者三知縣曾魁應爲文祝之乃止

明史五行志十二年十二月乙未蕭縣山鳴舊志是年

大旱九湖皆涸蓬蒿徧生俗歎爲離鄉草秋菽登場忽有異風捲去粒如雨洒

府志十三年大旱二月初四日蕭豐有異風自北來兵刃草樹皆出火光舊志二十一日未時風沙迷天晝暝秋蝗蔽野田無遺穗大饑人相食以婦子易米一升無復受者東湖涸生茅草又有形如荸薺而甚堅者俗名豬𡰪子人爭噉之乾蝗蝻及藜蓼根灰莧乾牛皮之屬皆搜食無遺

舊志十四年春大饑人相食道絕行人五月大疫死者十之八九無棺無殮者不可勝數十月秋糧告急逃

十一空賴淮撫史可法不避專擅以南糧補之民稍
存活

舊志十五年四月二十四日申時異風東南來天鼓鳴
有星墮於邑西南火光經天天鼓又鳴九月十一日
地震壞屋十六年十二月初六日地震

通志國朝順治二年蕭縣甘露降於樹

舊志三年地多產蘑菇枯木生耳邑向無羊肚菜天花
菜是年有之味肥美異常

舊志四年秋大水雨三閱月傷禾稼冬多火災

通志五年八月蕭縣產芝三本九月蕭縣山鳴若濤聲

府志是年秋雨徐蕭間民饑有野菽五種雜生草中衆採食之活者無算舊志四月薔薇花多盤金絲蛇蜒如龍七月初三日地震聲自西北來

府志六年二月蕭東山虎北渡河去舊志三月暴風雨冰雹夏五月霪雨五十晝夜六月二十一日異風拔樹夏秋之交黃蝻徧野長鬚利口齧食禾黍甚於蝗蝻野豬繁多絡繹田間踐踏成路農甚苦之九月初一日地震初二日復震

行水金鑑七年七月霪霖黃河溢八月九月雨大水秋禾皆没通志七年蕭縣星隕大如輪光數丈

舊志七年正月二十四日呂閘集朱杭家牛產雙犢

通志十四年蕭縣大旱湖井皆涸舊志妖言云道有掠人魂者行人爲之褁足山下灰莧地菌叢生野人食者多死

舊志十五年五月地震九月河溢冬月無雲而雷

舊志十六年春三月霪雨二十餘晝夜六七月大水

舊志十七年穀雨後霜疊降四月大雨雹

舊志十八年秋蝗蝝災

府志康熙二年麥大稔

府志四年正月朔日蕭西山鳴

行水金鑑六年蕭西北長堤決石將軍廟

舊志七年六月十七日戌時地震有聲自西北來如雷民舍傾圮壓死男婦甚衆井泉上湧水皆出

舊志八年夏秋大水冬十月雷電大雨

舊志九年秋河溢冬十一月二十六日夜大雪平地三尺十二月朔寒甚人有僵死者井泉皆凍初十日夜雷電交作復大雪坑谷皆滿鳥雀無遺

府志十年八月蕭地震河溢十一年蕭地又震八月河決山西陂蕭碭大水十六年堤決大水十七年春霜殺麥秋又大水自是徐蕭三歲被水皆有錫賑

府志二十一年蕭大有麥

舊志二十二年春三月重霧傷麥著地皆黃夏五月重霧又二晝夜著地皆黑

府志二十七年秋雨無禾

府志四十七年大稔

府志四十八年霪雨凡五月無麥民饑

府志雍正四年十二月黃河清自徐邳上至河南陝西二千里凡二十餘日

以下新增

十年清明日大雪先是苦旱至是雪麥大收

乾隆四年夏雨傷禾稼民饑

十八年霪雨自夏六月至秋九月是秋河决楊家窪

長堤邑大水

十九年夏四月有霜麻苗死

二十四年大有年

三十年東門內輿夫張某家犬作人言

三十二年大有年

四十年正月縣民李振之妻劉氏一產三男

四十二年縣民單二妻閻氏一產三男

四十四年小南門民家豕生子六足二足綴於臀不

能著地

四十六年四月邑人李某赴鄰家飲有犬隨之作人言索肉食與之食忽吟曰今年麥在地明年秋在地後年　闕　在地

四十九年十一月縣民孫登元妻黃氏一產三男

五十年四月初十日申時黑風從西北來人咫尺不相見毀廬拔樹男婦有吹至一二十里外者風中有雨點大如拳是歲大饑或云陜西地裂黑風從此出也

五十一年大有年蕎麥黃穄不種而徧野

五十三年大有年

五十四年十二月邑人邢三毛家有犬作人言云確是凍死我了言之者屢其家撲殺之是年秋雨連旬大水至五十五年又大水

嘉慶元年七月十六日午時無雲而雷是年大水二年又大水

三年七月十五日西北鄉人見空中一金色鯉魚長數尺自西南向東北鱗甲皆見

四年河決邵工邑大水

十四年春熱秋旱

十五年六月二十五日二龍見於雲中一龍墮地由

李滕莊至趙家塘拖行數里是年七月有青龍吸水於黃河

十九年三月中旬冒山出蝗蝻如蠅者無數忽有烏鴉自西北飛來食盡而去六月初四日雹不傷禾稼

十一月初六日得雪盈尺

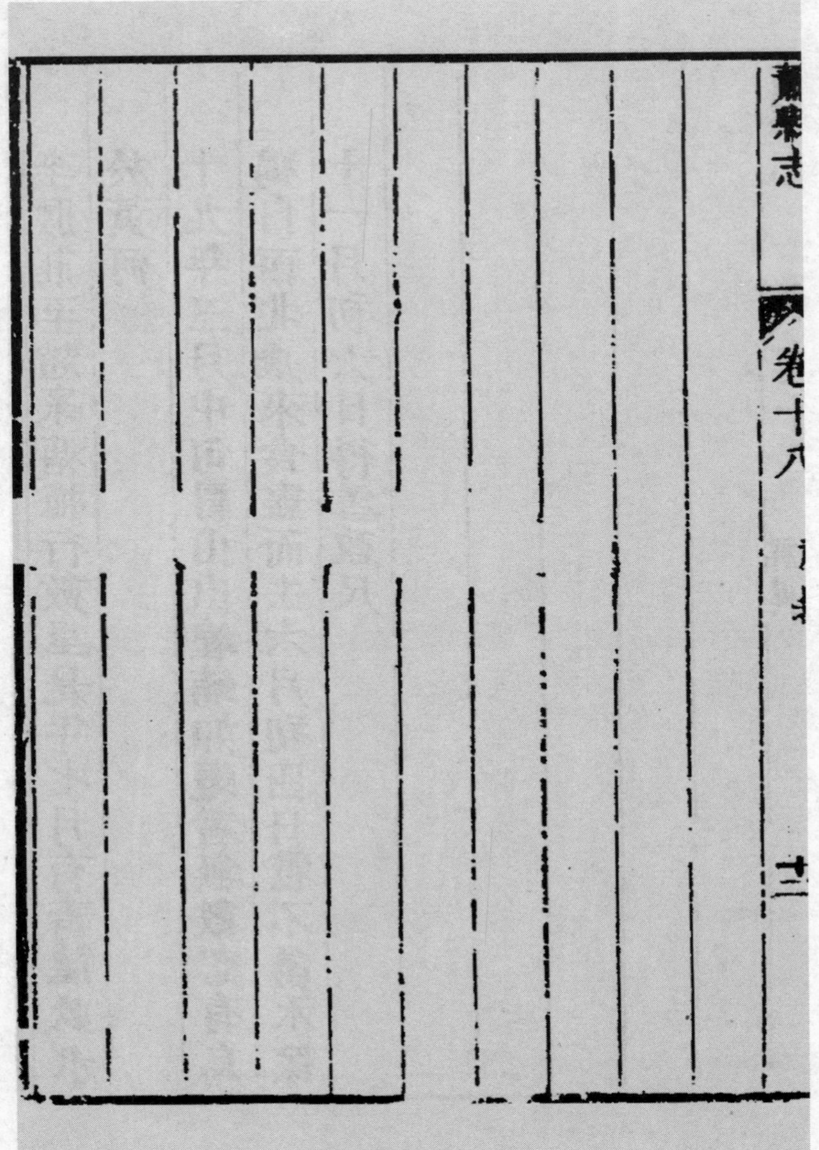

【同治】續蕭縣志

（清）顧景濂、段廣瀛纂修

清光緒元年（1875）刻本

續蕭縣志卷十八

雜錄

祥異

道光元年七月大雨連旬平地水深數尺井泉滅没大疫霍亂盛行人死十之六七富家至無棺以葬民間私於八月初一日度歲禳解之

二年春大饑秋霪雨害稼

十二年夏大雨四十日

十三年大饑人相食境内盜賊起

二十六年三月大水六月初一日夜黑風自西方來拔木

發屋風過後大雨連縣數晝夜

二十八年閏四月大雨雹

三十年五月日色赤如血

咸豐元年秋雨積旬禾稼淹没黄河水北溢人疫死傷

二年四月上旬寺後寨南石佛山鳴一晝夜聲無定處南聽之在北北聽之在南故老曰凶年至矣果驗

四年二月二十五日午刻無雲而雷聲隆隆然起西南而東北艮久始寂查天文書是爲天鼓鳴其下當起暴兵是月日色赤如血

六月二十九日薄暮忽暴風挾雨自西北來所過屋瓦皆飛頃洞昏晦但聞拉雜崩騰之聲俄而聲息家家廬舍毀

敗大樹十圍皆偃仆境內被災斜長八十餘里按貪狠風主敗軍殺將見五代史前蜀世家亦見五國故事

五年六月旱蝻子生

六年旱蝗岱山湖水涸秋冬荒歉 六月間黑雲起西北雷聲殷殷忽大雨霹靂一聲須臾而霽城北門樓上拔去一欄柱摧落鴟吻二枚後鴟吻一在城西三里外一在城東龍山下欄柱拋擲城東二十里外

七年春饑夏旱 六月間飛蝗蔽天各村莊相率撲打城內設局收買蝻子數百石 七月大雨水平地尺餘

八年八月彗星出張翼間夕見西方晨見東方 十一月

初城內火自縣署東北起延至城東南隅數日又火自西門北門延至西北隅前後燒毀廬舍千餘家

九年正月十五日月食幾盡是夜城內望西面十餘里外火光起時無賊警各村畧有人居次日探問遠近並無失火者史五行志所謂赤眚赤祥也　二月初八日寅時地震　四月雨雹

十年正月二十九日王家寨火燒死二千餘口

十一年二月十八日白氣亘天如虹勢挺挺可怖伊都犹興額勝鎮軍家勝禦賊山東攻上縣於是日陣亡凶耗至蕭民皆巷哭村鎮爲之罷市　五月下旬彗星見乾方光芒奮怒終夜不沒

同治四年正月十三十四日雪大雷電以風塵雜雪凝色純赤　八月桃杏華

五年六月大雨水

六年春饑　六月桃李華

七年四月袁園寨民張姓家羊產羔一首二身八足惡其怪撲殺之　五月里智四鄉蝻子生撲之經旬已而蝗飛徧野忽一夜盡懸抱蘆葦禾稼上以死纍纍如自縊然者縱橫二三十里或拔取傳觀經行百餘里死蝗一不墜落見者以爲奇按霧氣風露皆足以殺蝗春秋雨螽于宋　八月桃李華

八年夏周屯郭莊等處麥秀雙岐是歲畝倍收

十三年正月十八日雷電雪是日驚蟄自二十一日至二月初八日天氣陰翳不開大寒　五月十六日丁巳夕彗星見紫微垣內六甲星之左十九日侵左牆上衛星東偏光長三度色淡白首鋭末散其行斜對上台每日行不足二度光漸長至五度鋒燄埽內堦三師文昌上台軒轅十餘日後入地平下光滅不見

（清）貢震纂修

【乾隆】靈璧縣志略

清乾隆二十六年（1761）刻本

災異

志災異所以示警也歷觀舊志未有水旱凶荒如近歲之頻仍者亦未有蠲租賑貸動輒數十萬如近歲

之優渥者所以雖饑不害愚民皆待澤於下流而不知災之可懼夫不知災之可懼此乃災之所以數也若夫地數被兵其禍有甚於水旱者靈壁壤介淮徐土風勁悍我

國家休養百餘年矣享太平之福而追溯阽危慮遠者其得無有未雨綢繆之計乎余故以史傳兵事綴之此篇云爾

元至元三年夏五月雎水溢漂廬舍麥禾盡渰白八月不雨至於四年三月

元統元年春飛蟲食桑民絶蠶事六月蝗按宿州志是年河決東鎮破睢而下勢若漫天

明永樂元年蝗　十五年蝗

宣德五年蝗

景泰四年六月旱十月雨雪至於五年二月歲大饑

成化十七年秋霖雨傷稼

弘治二年河決原武黄水由睢入境北鄉田禾悉沒民多溺死

六年秋九月大雨雪至於七年二月無薪民多毀屋

及器物以爨

正德三年春旱秋大水

四年夏大旱蝗飛蔽日歲大饑人相食

六年春旱無麥秋淫雨

嘉靖二年夏大旱秋淫雨饑明年春大疫

五年春正月淫雨至於夏四月無麥

六年春淫雨無麥苗夏旱蝗

八年至於十二年比歲旱蝗民多逃

十四年睢水溢渰南北十餘里

十五年夏秋淫雨冬十二月雨雪至於明年二月

十六年四月地震

隆慶元年九月地大震四日乃止

五年夏大雨水無禾

萬曆七年春霖雨夏秋旱無麥禾八年如之九年亦如之民食樹皮草根餓殍甚衆陳志既書萬歷九年如此大災矣乃於嘉禾一條書是年三注山民王邦麥有一莖三歧五歧至九歧者卽果有之得爲瑞乎

十三年六月八日夜風雨壞民屋

二十一年春淫雨秋河溢平地水深數尺無麥禾城

垣民居傾圮大半
二十二年夏大雨水無麥禾
四十八年夏旱蝗冬饑
天啟元年夏大雨水河溢按明史河渠志是年河決靈壁雙溝
二年夏六月河決徐州小店壞廬舍民多溺死
國朝順治十六年春旱夏五月大雨水無麥禾饑
十七年五月二日雨雹
康熙二年七月河決吴家堂
七年地大震城圮

八年五月四日雨雹北境深尺許無麥

十三年夏旱蝗秋河決謝家口麥豆淹沒

二十三年秋八月河決謝家口冬凌水漂沖二麥漬死按是年八月二十日大雨颶風鹽壁來字堡漫缺隄工四十丈見總河靳輔奏疏而于志藁書十一月河決誤也今据靳疏改正

二十四年七月大風雨傷稼冬饑

三十五年夏六月淫雨平地水深三尺無禾

三十九年五月螣傷麥秋七月大雨水

四十八年三月雨土淫雨傷麥六月大雨水饑以上據舊志

雍正七年秋九月毛城鋪黃水入睢漫溢北鄉

八年秋大雨水窪地被淹勘實蠲賑

十年夏六月大雨水

十一年秋毛城鋪黃水入睢北鄉田禾被淹勘實蠲

賦

乾隆元年夏大雨水麥禾盡淹屋舍多塌勘實蠲賑

四年秋大水田禾被淹勘實蠲賑

六年夏秋大水傷禾稼

七年夏秋大水無麥禾連二年竝勘實蠲賦溥賑

十年秋禾被水

十一年夏雨雹秋大水麥禾並傷

十二年秋禾被水連三年並勘實蠲賑

十三年冬黃水漫北鄉損麥苗借民籽種

十四年秋雨水渰民田十之二借民口糧

十五年秋大雨水田禾被渰

十六年秋雨水渰民田十之二連二年並勘實蠲賑

十七年秋蝗

十八年夏蝗自六月雨至於九月河決銅山之張家

馬路普漫境內北鄉淮復大漲南鄉水深丈餘民房衝塌無算勘實蠲賦溥賑

靈壁捕蝗紀事　郡守阜寧項樟

乾隆十八年春二月余奉
命守鳳陽甫下車境內大旱夏四月蝗靈壁楊疃韋疃兩湖尤甚湖久涸蒿葦茂密魚蝦之子悉化為蝗延袤數十里幾無隙地是時州縣捕蝗不力者方
奉
嚴旨法甚峻邑令貢君震集二千人捕之乃如杯水救

輿薪之火也余以宿州蝗盛督捕至時村閭之馳往謂貢令曰不興大衆此蝗將不可滅貢令曰不興大衆而不滅罪也興大衆而不滅亦罪也此蝗有不可滅之勢與其勞民而不免於罪何如先以罪去而民得免於勞余謂不然爾即以罪去後來者將不捕乎民之勞猶是也且時愈久則蝗愈熾而民愈勞於是貢令具以狀聞大中丞張公奏其事率監司錢公尤公來駐碭疃集益募鄉夫六千飛調牧令丞倅等三十員壽春左營游擊亦率所

部弁兵至協力督捕以五月二十日乙亥始事夫役器具米蔬供億責之令畫地分廠調度員弁察勤惰明賞罰責之余而大府總其成焉余既受任夙夜奔馳鼓舞羣力日以各廠形勢白大府贊謀畫破浮議時睢靈兩境之民以捕蝗爭界且成釁余乃留貢令往來各廠致慰勞而自率巡檢張鼎疾馳至孟山解其紛令并力合捕比返蝗勢方盛撲捕收買日以千斛計焚瘞遍野炎風烈日毒穢熏蒸人幾不能堪數日余察蝗勢漸衰益鼓衆力

銳於始作不知者譁然以爲蝗果不可滅郯首以捕蝗被論者相繼或謂余曰君宜自謀無爲人受過余唯唯疾入白大府蝗勢將滅今猖獗者餘孽耳且民苦已極天必憐之不久當大雨湖地窪一夕可成渠蝗不足憂也退趣責令親蝗滅以堅大府意讒間遂息越再日果大雨湖地汪洋蝗孽耙筆而數間有活者乘舟殲之六月初六日庚寅大中丞奏竣事罷役而蝗不爲災古語云人定可以勝天昆蟲之孽或亦有數存焉今也竭萬夫之力

而又動以大府之誠固空其無險不齊是故兩者天爲之而天者人爲之也初余以捕蝗公費售例不敷官民俱病白大府請增滙夫收買之直委賢員經理俾得據實報銷以故衆皆踴躍蝗卒以滅而貢令亦得免於賠累雖然官與民之於此役也亦既勞矣其事不可以不記二十二年春三月余行部勘水值雨留宿州驛館偶閱貢令河防錄載是年捕蝗事甚略因追憶書之

二十年春夏大雨水秋黃水自毛城鋪漫溢而下大

無麥禾糧價騰貴人多餓死勘實蠲賦溥賑

靈璧賑粥紀事 兵部主事荆溪潘永季撰

乾隆二十年霖雨自二月至于六月歲大饑入秋穀價騰貴麥豆一石需銀三兩有奇

皇上加恩普賑民得賑銀不敷買食江淮南北是處嗸嗸而鳳陽府屬之靈璧尤甚九月以後田廬尚在水中壯者搴水草為食發屋茅析木植以供爨老幼疲癃率牽曳入城乞食而居民多貧勢不能收卹天氣向寒乞者殆無人狀撫軍鄂公檄鳳陽府

令各州縣設法煑賑於時靈壁邵君甫到任一切
災務鄂公
奏留前任貢令協辦邵君請於郡守以煑賑事屬貢
君貢君乃簡邑中殷實者三十餘家躬自造門勸
捐得雜糧一千二百餘石銀一千餘兩議設兩廠
於東關外三官廟西關外眞武廟應用鍋竈缸桶
瓢勺等器次第備具遴選紳士之監察者書役之
司登記給奔走者人夫之執勞役者給以飲食規
模已定而猶慮飢民領粥時苦於擁擠守候也先

是邵君未淮任城中僧尼寺院乞者遍滿日環集
於貢君寓所君買麥五十石每日磨麪和菜爲餅
餅一枚重六七兩以靜後分遣家人往飢民攢集
處凡坐者臥者戒令毋動每一人給一餅始不過
七八百數日後增至一千五六百餅不足則三錢
當一餅如是者一月有餘家人既各有分地於乞
者略皆識其面令於給餅後問其姓名里居男婦
幾口寫爲一冊盡得其實數又令四關總甲挨查
極貧戶爲一冊又於城外搭棚示諭願領粥者挈

家住此查實給粥不數日東西關外來者千餘家一一查明連前總爲一冊通得萬餘口預製腰牌五千扇兩面糊紙一面刻印初一日至十五一面十六日至三十塡寫某係某人大幾口小幾口西廠用鄧君印東廠用貢君關防先期傳集按冊給牌以憑查核又於廠外各設高臺開廠之日令二僕登其上領粥者先至臺前取腰牌查口數大幾口給大籌幾枝小幾口給小籌幾枝籌皆印烙如初一日卽墨塗初一兩字初二初三日亦如之以

杜重領之弊塗訖發還各人持籌從廠後門入至前門繳籌領粥大籌給粥一大勺小籌給粥一小勺粥必匀厚嚴禁偷米攙水等弊每日鄉晨闢廠至日西而畢領粥者略無擁擠守候之苦所以然者一家三五口止須一人到廠又戶有腰牌無論早晚自有應得之粥無庸一時麇集也開廠後惟居遠者停止廠旁其餘聽歸本里家日一人持牌領粥累增至一萬七千餘口而辦事者整暇如初邵君又閔飢民多無衣捐給棉襖二百件責君捐

一百件郡守令固鎮劉典捐一百件自十二月朔日賑起至明年正月底止賑旣畢每人給錢三十文令歸家戒耕事通計兩廠糧價柴價及一切雜用費白金八千餘兩捐項纔及半餘俱邵君彌補

是歲靈璧查實飢民二十九萬餘口

皇上發賑銀三十餘萬兩米七萬餘石以綏惠斯民而猶有不能自存者設非郡守奉撫軍之命殷勤訓飭邵君與貢君協力經理董事者皆慎勤其職則飢民恐未必人人得所也夫賑粥之難難於銀米

以其素無章程而老稚飢疲守候擁擠則粥未入口而委頓於廠所者往往有之若玆之有倫有緒竟事而不譁可以爲煑賑之法矣二十三年春余過靈壁居人爲余述其詳余以謂其事可書故紀之如此

二十一年春大疫夏雨雹於南鄉壞麥毛城鋪黃水漫溢入境秋大雨水傷稼

二十二年夏秋霖雨傷稼連二年並勘實蠲賑以上據縣案

漢二年春漢王部五諸侯兵凡五十六萬人東伐楚

項王方北擊齊乃以精兵三萬人南從魯出胡陵四月漢皆已入彭城項王乃西從蕭晨擊漢軍而東至彭城日中大破漢軍漢卒皆南走山楚又追擊至靈壁東睢水上漢軍卻爲楚所擠多殺漢卒睢水爲之不流節錄史記項羽本紀

漢五年高祖與諸侯兵共擊楚軍與項羽決勝垓下淮陰侯將三十萬自當之孔將軍居左費將軍居右皇帝在後絳侯柴將軍在皇帝後項羽之卒可十萬淮陰先合不利卻孔將軍費將軍縱楚兵不利淮陰

侯復乘之大敗垓下節錄史記高帝本紀

漢靈帝初平四年曹操擊徐州牧陶謙拔取慮音秋閭今宿遷雎陵今雎寧夏邱今虹縣靈璧皆屠之凡殺男女數十萬人雞犬無存泗水為之不流節錄後漢書陶謙傳

晉永興間劉喬為豫州刺史惠帝西幸長安東海王越承制轉喬冀州以范陽王虓代喬喬以非天子命距之越移檄天下將入朝迎大駕軍次於蕭喬懼遣子祐距越於蕭縣之靈壁節錄晉書劉喬傳

宋高宗紹興九年兀朮犯河南命李顯忠為招撫司

前軍都統制與李貴同破靈壁

孝宗隆興元年李顯忠兼淮西招撫使自濠梁渡淮與蕭琦戰敗之遂復靈壁二條並節錄宋史李顯忠傳

金哀宗正大三年楚州王義深以城降封義深臨淄郡王天興二年義深據靈壁望缺一字塞以叛遣近侍直長女奚烈完出將徐宿兵討之義深敗走漣水節錄金史哀宗本紀

明恭閔帝建文四年燕王破蕭縣平安引兵躡其後至淝河斬燕驍將王真已復移軍齊眉山與諸將列

陳大戰自午至酉又敗之何福欲持久老燕師移營靈壁深塹高壘自固而糧運爲燕兵所阻安分兵往迎燕王以精騎遮安軍分爲二福開壁來援爲高煦所敗節錄明史平安傳

正德六年流賊劉六作亂十月陷靈壁民人被害者不可勝計陳志

嘉靖三十二年河南賊師尚照作亂將攻五河過縣境焚固鎮火墅數十里陳志

崇禎九年正月十年八月九月流寇陷城者三民被

禍甚慘總兵劉良佐被圍於霸離鋪寧南伯左良玉援兵至圍始解虞姬墓旁有碑紀其事吴志

按吴志崇禎九年八月至十二月流寇陷城三城池志同學校志則云八年列女志則云九年參錯不一及讀王君生祠碑紀乃知紀載在九年之正月十年之八月九月是碑立於十一年邑人記近事當必無誤今悉依碑文改正乾隆十八年余過虞姬墓見吴公橋東有斷碑入地讀之如是紀明末破賊事久欲錄其文卒卒未暇二十年春重

建吴公橋余方督工脩城又疲於拖尾河之役比橋成往觀則斷碑忽已不見詢其故乃知匠人取作橋址濬爲惋恨異時重建此橋必當復還斷碑故物以補吾過是所望於後來者

崇禎十四年流賊袁時中以數萬衆薄城下知縣王世俊與團練將官鄧世本率鄉兵禦之世俊旣有膽略世本虹人衛國公鄧愈之裔亦多謀善戰城中士民屢經寇變無不出死力晝地分守賊攻城六日不克世俊乘其懈募死士夜縋而出劫賊營賊亂自相

殺死傷無算乃解圍遁去先是賊將至衆議守城計決已閉門矣四鄉窮民蟻至求入城世俊諭之曰汝衆難盡信城既閉不可開汝果欲避難且於城下各築小牆自蔽吾從城上給汝食護汝汝從濠邊助守衆從之賊至攻城城上城下彼此策應故能成功而窮民得依者數千人是時致仕王守謙年八十餘在圍城中亦率子孫登城瞭守隨筆紀事至或伏地作書當時以爲助守城之氣云吳志

國朝順治二年蕭寇程希孔衆數萬掠北鄉民大被其

害于志藁

按宿州志崇禎十五年蕭縣程賊乘歲饑民流劫掠鄉鎮蓋程賊亦明末小醜至

國初尚未平也州志又載順治十年九月膠州總兵海時行兵叛由宿北虹靈一路攻掠西壓宿境總督及漕督東撫統師追獲於歸德界當時靈壁被害可知舊志遺此事

【乾隆】泗州志

（清）葉蘭纂修

清乾隆五十三年（1788）抄本

署泗州直隸知州安慶府同知葉蘭纂修

軫卹志　祥異　蠲賑

圖書麟鳳振古誌祥而春秋謹天變備紀水旱螽螟雨霸星隕之異夫慈惠洽則協氣流貪黷形而災沴降人事之感召亦有不爽者焉泗居淮下游旱災什一水災什九國家不惜億萬帑金以拯蘇黎庶而實惠之及民惟司牧是問弭災致祥之要其亦有凜然於清夜者乎

祥異

漢武帝元光三年春河徙頓邱夏決瓠子溢淮泗

齊東昏永元元年七月淮水赤如血

梁武帝天監中築浮山堰灌壽春堰決奔流入海水族隨流過泗或人首魚身或龍形馬首異狀不可名

唐開元中齊澣奏開十八里口得龍窩有蟄龍長丈餘頷下鯉魚五六尾靈龜二移時雲霧杳冥均失所在

貞元八年淮溢害稼平地水七尺没州城

宋開寶七年夏淮漲入城壞民居五月退六月復入民多流亡

成化二年民家牛產麟毛金色肉隱起如半錢斃之

宏治六年冬虹大雪至春二月方止

正德四年夏旱蝗

五年流賊王大川楊虎亂七入虹邑大掠

六年春旱夏潦濉水溢入城民遠徙

嘉靖元年滛雨累月未穫七月大風拔木鳥雀多死

十二年冬夜半虹邑星隕如雨

十四年旱蝗

十七年夏虹邑大熱一莖兩穗間有三四穗者本年斗麥

十錢二十一年亦如之四十二年虹小曲里麥一莖三五穗

四十三年大水冬沍寒淮水冰合車馬通行

隆慶四年庚午地震有聲

萬曆八年夏大水灌城州守秘自譙州同易宗献水立波滌中州紳常三省捐資囊土塞之城以不沒

十二年長直蒲姚家土墻出血

十三年二月地震夏旱蝗蓋地

十七年大水生蟲名豆蛀長於指食禾立盡

二十五年三月雨沙數日至十三日大風作南門城樓火
延燒千餘家
二十七年虹學宮門大石鼓裂
三十二年虹邑夏大熱
四十四年蝗虹邑赤地如焚
天啟元年虹邑蝗
崇正四年淮漲由北堤入城官民廬舍漂圯州紳臧仲楫
貲給被災者
九年八月十三日流賊圍虹城不能入掠去潛於九月初

一夜復至寺譯者昏熱睚賊望城上有火光旗幟往來但無人聲有賊緣西北角而上守卒寐中若有人呼躍起賊驚墜蓋神力也次日城外屋舍盡焚

十二年三月虹城火從小北門沿燒至南關

十三年泗大旱

十五年泗地震民舍多傾

十七年八月大雨七晝夜虹邑墻屋傾圮過半

國朝順治八年大有年

康熙七年六月十七日地大震壞泗廨宇傾虹城數十丈

九年冬十有一月大雨雪淮河氷堅輪蹄往來至明年二月氷始解

十一年泗虹麥秀兩岐

十二年虹大水

十七年泗旱蝗

十八年泗大旱蝗食禾盡及草根冬大水

十九年夏淮大溢城內水數丈官師僑寓外堤舊城沉沒自此始

二十年夏大水堤將潰吏目王文璽防禦堤賴以全

二十一年夏水没禾

二十四年夏大水官民架木棲絕烟數日

二十五年夏旱蝗秋大水

二十六年大旱蝗食苗盡

按蝗性飛落成羣嚎不停嚙其爲害較烈於水旱泗境湖藪數十水至爲湖水退既涸每歲春夏之交濕熱蒸鬱不獨飛蝗落子循環相生即魚蝦所遺之子亦與變化成蝻故前志於蝗之害縷三致意焉自我

世宗憲皇帝於捕蝗不力之地方官重治其罪我

皇上於捕蝗一切費用准其動公義盡仁至數十年來蝗亦少減矣　閣署義姪上昨冬今春疊奉　撫諭兩大憲嚴飭挖捕蝗蝻子入夏以來　藩憲思患預防增定安省挖捕蝗蝻規條分爲二綱發各州縣時　閣督查蝻孽已三閱月茲復巡行阡陌於鄉之父老子弟講求蝻所以生蝗所以滅而禍

歎章程所載真明於物而熟於計者矣然非收買易換則小民無田生其感愧奮勵而鄉保裏長亦不能督率以有功乾隆丁未九月

署知州葉蘭附記

三十三年泗虹麥大熟

六十一年秋旱星隕光燭天冬雪凝樹日出不消

雍正元年泗州水虹有秋

三年六月朱家海決口黃水浸入虹帶山潼城等里瀦為湖

乾隆七年河決石林口泗虹大水

十八年夏蝗大雨水九月河決銅山之張家馬路淮復大

漲虹城内水深二三尺陷城垣十餘丈泗田廬坍没無算
二十一年黄淮交漫虹城水深三尺民多疫
三十一年黄決泗大水虹城水聲如雷深四尺餘
三十八年夏大雨麥盡淹積水至冬始涸
四十二年麥大熟泗治遷於虹
四十三年七月河决儀封永城由渦淝入淮歸洪澤湖是
歲鳳泗等十七州縣均被淹
四十五年六月睢寧郭家渡堤潰黄水趨州境淮漲倒漾
四出

五十年大旱道殣相望冬十月泗州半城等堡湖灘蒿根

生活災民無筭爾雅釋草次蒿大葉白華根如指味甘可食詩小雅言采其蓄是也時以知州鄭交

泰萍壓有方民無爭饑陞浙江嘉興府知府

同時太湖縣唐家山民人挖蕨得黑禾　大中丞入

告欽奉

御製詩云草根與樹皮窮民絜災計敹信賑郵周遂乃無其事

茲據安撫奏史黎荷

天賜挖蕨聊餬口得米出不意磨粉攙以粟麥食充饑致得千餘

石多而非村居地縣令分給民不無少裨濟昇呈其米樣貴

食覲蓍試屢我民食茲我食先墮淚

乾坤總好生既感復滋愧愧感之不勝違忍嬌為瑞鄙奇諸皇子

今皆知此味孫曾元永識安民忍子忘伏誦

宸章我

皇上軫念吏黎之至意振古未有泗州葛根之生亦上蒼慰我

聖人以濟茲一方也與

五十二年夏孝秀兩岐

【光緒】泗虹合志

(清)方瑞蘭修　(清)江殿颺、許湘甲纂

清光緒十四年(1888)刻本

泗虹合志卷十九

候補知府知泗州直隸州事中州方瑞蘭監修

雜類志 祥異 仙釋 摭佚 辨譌

北禾鄗黍毓上瑞之徵龍門石言誌一時之異乘青牛而西去知有異人踏白葦以東來非無法嗣以及兼收博採補郭公夏五之亡搜異訂訛詳淮雨別風之異斯誠鳥篆之遺非備兎園之挾也匯之以類庶足以志矣

祥異

漢

景帝三年白頸烏與黑烏羣鬭白頸不勝墮泗水死者數千

元光三年河徙自頓邱經瓠子通於淮泗

後漢

建武二十四年濉水逆流一晝夜

齊

永元元年淮水變赤成血

梁武帝天監中浮山堰決奔入海水族隨流過或人首魚身

或龍形馬首狀不可名

隋

大業十三年大旱淮無魚

唐

貞觀三年泗大水

開元中齊瀚奏開十八里口有龍穴蟄龍長丈餘頷下鯉魚五六尾靈龜二移時雲霧杳冥均失所在

貞元八年淮水溢平地水深七尺没泗州城

開成二年有大魚長六丈自海入淮至濠州

中和四年臨淮鷹化爲鵝

宋

乾德五年五星聚奎

開寶七年淮水暴漲入泗州城壞民居五百餘家

湻化二年七月大風雨雷震僧伽墖柱

至道元年臨淮賀囝妻一產三男

二年泗州獻瑞麥

景德四年麥自生

天禧六年江淮大風吹蝗入水

嘉祐二年淮水溢

建中靖國元年江淮旱

大觀三年旱自六月不雨至十月

重和元年江淮水

建炎二年大蝗

紹興四年淮水溢中有赤氣如凝血

隆興二年淮水入泗城冬大饑

嘉定元年大疫旱饑斗米千錢

二年雨大饑斗米數千錢人相食

元

至元二十六年有灰黑鼠無數傷禾稼

泰定元年黄河南入於淮

明

永樂二年臨淮大水徙縣治於南門外

正統元年淮河清一月

二年夏大水城東北陴垣崩水内注高與簷齊泗人奔盱山

十八年秋雨雹禾盡落是歲大旱饑州守言芳賑之民賴以生

成化二年民家牛產麟毛金色肉隱起如半錢甃之

宏治六年冬虹大雪至春二月止

正德四年夏大旱蝗飛蔽日

六年春旱無麥苗夏潦淮水溢騰城河水亦內漫里市乘桴往來居民遠徙州守張穪愼忽一老嫗指東城下鐵窓欞水窓可開令於城外爲二溝導之水得洩民乃歸

嘉靖元年霪雨累月不止禾蔌腐七月大風拔木鳥雀多死

癸未夜半星隕如雨紅光燭天

乙未五月不雨至十月蝗生絡繹不斷房室皆遍衣服悉嚙

戊戌夏虹熟斗麥十錢

壬寅虹熟

癸亥虹熟大麥一莖三五穗者不計數

三十一年淮大溢

四十三年大水冬冱寒淮河氷合車馬通行

隆慶四年地震

萬歷八年夏泗大水灌城州守秘自謙州同易宗救水立波濤中郡紳常三省捐貲甃土塞之城以不沒

甲申虹長直溝姚家土墻上出血冬夜半星隕如雨

十三年夏泗旱生蝗蝻蓋地數寸

十七年泗大水秋畝生蟲名豆蟣長於指食田禾立盡天明絶迹夜復見

己亥虹城儒學前汴河南失火有二坊逼近不焚逾時隔河學宮門忽烟從門樓出一瞬三門俱燼石鼓崩裂

二十五年三月泗雨沙數日至十三日大風作南門外火飛城樓延燒千餘家

二十二年淮水清一百六十里

丙辰蝗食田禾赤地如焚

天啟元年蝗災

崇禎四年淮漲田北隄入城官民廬舍俱圮

十年泗舊州學宫古檜吐烟若篆有異香

十二年虹城三月火

十三年泗大旱饑

十五年泗地震屋多圮

十七年八月大雨七晝夜

國朝

順治六年泗大水蝗

八年大有年

十六年泗虹大水平地深丈餘

十八年泗災

康熙元年泗大水

二年旱冰雹傷禾饑

四年水

五年水

六年夏蝗

七年蝗六月十七日地大震泗署圮虹傾城垣數十丈

九年大水十一月大雪雨累月淮河冰合輪蹄往來至二月
始解

十年大旱饑

十一年泗虹麥秀兩歧秋虹大水

十二年虹大水

十七年旱蝗

十八年大旱蝗食禾盡及草根大水城內水深丈餘

十九年夏淮大溢城內水深數丈官民僑寓堤上舊城湮没

自此始

二十年大水

二十一年水

二十三年秋大水饑

二十四年夏大水堤上深數尺官民俱架木以棲絕烟數日

二十五年夏蝗秋大水

二十六年大旱蝗食禾盡

三十三年泗虹大熱

六十年秋旱星隕如雨紅光燭天

雍正元年泗水虹有秋

三年六月朱家海口決黃水漫入虹赤山漳城等里瀦爲湖

乾隆七年河決石林口泗虹大水

十八年夏旱蝗秋大水虹城內水深三尺陷城垣十餘丈

二十二年泗民楊標妻一產三男

三十一年泗大水黃決虹城內水聲如雷

三十八年夏大雨至冬始可佈種

四十二年麥大熟泗遥治於虹

四十三年秋七月淮黃漫溢泗大水

四十五年河溢大水

五十二年麥秀兩歧

五十五年大旱道殣相望

嘉慶十六年虹稔

道光十三年夏霪雨傷麥歲大饑人相食

二十七年虹稔

咸豐元年蝗泗大水

二年春饑疫夏霪雨九十餘日麥禾盡傷流亡載道

三年虹民張某妻一產三男面赤黑白各異尋殤棄之道數日犬豕無敢近者俄大雷電俱失所在

八年八月彗星出張翼間夕見西方晨見東方秋旱蝗食稼幾盡

十一年二月白氣亘天如虹五月彗星見乾方光芒直射終夜不沒

同治五年秋大水禾稼盡淹

六年秋大水十月桃李華

七年大熟

九年四月雨雹大如雞卵麥盡傷

光緒二年正月初二沐氷成花牡丹芍葯梅菊枝葉花與生植無異自未初至酉初始銷釋

三年秋蝗

七年夏彗星見西方

八年夏彗星見東北方

九年秋大水自西北來漫溢城下由洞管塞至城南霸王城水頭停滯三日五尺餘竭迫祈禱後宣洩入淮

十年民家牛生犢人首肩項畢具自腰以下仍牛形數日斃

十一年蝗

十二年冬大雪

十三年夏麥秀兩岐秋八月黃決鄭口南入淮河淸四百里

【光緒】重修五河縣志

（清）賴同晏、孫玉銘修　（清）俞宗誠等纂

清光緒二十年（1894）刻本

雜誌

祥異 易也者象也人事未見於下而天已垂象於上此天心之仁愛故以象示人而使人知所戒懼也孰謂其杳渺而無憑歟

夫以星輝雲爛帝世豔稱地震天鳴史臣備載陰陽不無沴戾草木亦驗休嘉舊志專紀其大餘悉闕如茲仿各志體裁博採往籍參以近今聞見增祥異一門而於齊諧怪誕者仍弗錄要取其雅馴可徵足資觀聽者也

述雜誌祥異

漢元光三年河徙自頓邱經瓠子通於淮

齊永元元年淮水變赤成血

升平五年天裂有聲

義熙四年沿淮地生毛

孝建二年淮南見白兔

齊建元元年淮南甘露降

隋大業十三年大旱淮水無魚

唐貞觀三年淮溢

貞觀八年淮水溢平地水深七尺

十三年淮泗州縣野蠶成繭

總章元年江淮大旱饑

垂拱元年淮甸地生毛或白或蒼長者尺餘焚之臭如燎

毛

上元二年江淮大饑人相食

四年淮南地生毛

太和二年淮甸李樹生橘所在多有

六年淮南饑

大中六年淮南饑

咸通七年淮大水

中和三年汴水由渦入淮二水相鬬壞民船數千艘

宋乾德五年五星聚奎

開寶六年七年淮水暴漲壞民居無算

至道元年淮上獻瑞麥

景德四年正月水退野田麥自生

紹聖元年淮南軍禾一本九穗

天聖四年江淮大水

嘉祐三年淮水溢

重和元年江淮水溢

建炎二年蝗

紹中四年淮水溢中有赤氣如凝血

二十六年天雨水銀

湻熙十五年淮甸大雨淮水溢廬室皆壞

元泰定元年黄河南入於淮

大德元年春三月淮溢六月蝗生蔽野

三年夏五月大水泛漲舟入市中城不没者僅二版

至元十六年江南大旱淮流綿亘數百里皆涸

明洪武七年夏大水城市幾没

二十一年五色雲現

永樂元年夏六月大水官舍民居蕩然如洗

四年淮水溢

十三年夏大旱

正統元年淮河清一月

二年夏四月至五月淮水汎濫居民漂溺甚衆禾稼無存

六年旱蝗

七年自五月至六月霪雨傷稼

景泰四年二三月雨雪不止傷麥歲大饑

五年秋七月大水

天順七年五月久雨腐二麥

成化元年歲大饑次年大疫民死幾半

四年饑

七年淮水成災

十一年夏六月水至民居陷没

十八年大旱民饑且疫

十九年秋災

洪治元年歲大饑

六年大雪自秋九月二十二日至七年春三月乃止山谷皆迷行人絶迹民間盡燬屋壞器以供薪爨

八年三月已酉暴風雨雹殺麥

十五年秋八月庚戌霪雨大風淮溢爲災

十六年夏四月不雨至秋九月二麥盡丹

十七年饑

正德元年七月驟雨平地水深丈餘漂沒民居無算

三年春旱夏潦

四年夏大旱蝗飛蔽日

六年春正月朔震雷電大雨是年春旱夏淮水汎濫

十二年大水河決入淮瀆坼崩崖室廬漂沈禾盡没

嘉靖元年正月朔地震夏蝗秋七月大風雨雹毁屋壞垣木拔石走烏雀俱斃河水泛漲溺人畜無算

二年春正月地震夏四月麥將熟繼以亢旱秋禾盡槁冬十月淮水又溢遂大饑次年春凍餒疫癘死者無算人乃相食

五年春正月霪雨至夏四月止

六年旱二麥多槁

八年饑

十三年至十五年連歲旱蝗禾稼不登

十七年夏六月雨雹大如鷄卵折木損禾禽鳥壓傷大半

十九年至二十年淮水俱溢

二十一年正月朔晝晦星見飛鳥歸巢

二十五年秋八月地震

三十一年二月癸亥地震有聲

三十四年夏五月庚子大冰雹河水暴涌平地深丈許村民走避不及多葬魚腹是年冬十二月十二日地震

三十五年歲大稔

三十八年夏旱

四十年春大雪自正月十八至二月終止三月又雨雪夏五六月霪雨不止河湖四溢禾麥皆沒居民多蕩析遷徙閏五月二十八日地震有聲

四十四年夏五月淮水驟漲村落陷沒城內水深五尺餘

隆慶二年旱澇不時五月朔日晝晦如暝秋八月二十三日酉時有流星大如斗光燭天地自西北至東南止天鼓隨震者三餘音轟轟移時乃止

萬歷元年饑

三年秋八月大水

七年五月大水爲災八月又水

八年大旱民饑

十三年飛蝗蔽空

十六年大旱二麥盡槁民饑死無算

二十一年大水泛濫闗市幾沒次年亦如之禾稼皆傷

二十三年正月大雪月餘雪融復凍麥盡萎

二十七年饑

三十一年夏五月戊寅大雨雹

三十三年火災起自小中市及中市街轉文昌街北至養

濟院室廬毀者幾半

三十五年黃河決入淮大水三載

四十二年大旱飛蝗傷稼

四十五年五月甲戌地震乙亥復震

四十八年十二月大雪至正月中旬甫止

天啟三年地震

五年飛蝗蔽天

崇正四年大雨淮漲城市水深數尺五年同

十一年五月大雷雨晝不見人

十三年大旱民饑草木根皮食盡

十四年蝗生大饑繼以疫民死甚衆

十五年十月二十八夜地震從西南而東北

十六年開封河決黄水溢由渦入淮漲漫害稼漂沒廬舍

國朝

順治二年春大水無麥

五年春大水

六年夏五月麥熟霪雨狂風晝夜不息垣屋俱壞客水四至一望如海鄉民集木而居風發墮水溺無算

七年大水二麥失種

九年春二月十五夜地震几榻傾欹幾於欲覆夏大旱禾

盡槁

十年十一月二十三日夜地震從西北來有聲移時乃止

十二年夏四月淮漲麥苗盡沒

十五年十月大水豆禾在場未收者俱漂溺無存

康熙七年六月十七晚地震城南樓關聖廟像俱頹觀音閣亦頹民居傾圮者無算二十六晚又震

八年五月雨雹淮水泛漲

九年夏大水二麥浥爛無遺

十年夏秋大旱

十一年夏秋河水兩次泛溢害稼五月二十二日地震

十三年十四年俱大水
十七年秋大旱
十八年秋蝗旱淮南皆大饑
十九年夏大雨經旬不止城内水深二尺秋淮水漲溢
二十年夏秋旱
三十二年夏旱
三十五年淮水溢
三十七年大水
四十四年大雨水淮河漲漂溺禾稼
五十二年夏大旱

雍正六年大水

十二年春雨不止淮溢爲災

乾隆三年旱

四年大水

六年淮水漲

七年大水禾稼漂溺

八年旱

九年十年水成災

十一年水

十三年旱

十四年水成災十五年同

十七年旱

十八年大水成災

二十年水二十一年春大疫

二十二年大水

二十五年淮水溢二十六年同

三十二年水三十三年旱蝗

三十六年夏旱秋大水

三十八年夏秋大水

三十九年旱蝗

四十一年夏秋被水成災

四十三年五河等州縣先被旱災嗣因淮水下注黃河頂漲田稼淹沒復成水災

四十四年五河黃水漫溢次年尚未斷流

四十六年五河因淮唯各水同時並漲低地被淹成災

四十七年淮水漲成災七八九分

四十九年水成災五分冬旱

五十年旱二麥失種

五十一年二月二十三至二十七日大雨傾盆晝夜如注

濠淮二河上承六安諸山之水匯歸洪澤湖五河濱臨

淮湖田畝盡被淹沒房産倒塌無算

五十二年黃水决入淮漫溢田畝被災

五十四年淮水漲

六十年被水成災八九分

嘉慶二年因淮河泛漲又毛城鋪減黃下注田稼被淹成災七八分

三年睢州黃水漫口由渦入淮沿淮地方被淹五河災

四年淮水泛漲又因啟放天然諸閘減黃下注被淹成災

七年夏被旱成災

嘉慶九年四月天雨黑霉二麥俱如穅秕歲因大饑逃亡過半

十一年河決瓠子入於淮田廬淹没閲十四月始退

十五年正月十七日大風天赤色水暴漲民不聊生

十七年大水

十八年五月十九日大風雨雹黑白參錯二十二十一日亦如之

二十一年大水饑民道殣相望

二十三年旱蝗成災

二十五年大水

道光元年正月大雨河溢四月雹傷禾稼人相食
二年遍野生蝗蝻民大饑
六年三月霪雨兼旬淮水暴漲田廬漂沒
九年八月雨雹深數寸十月二十二日地震有聲民居廬舍傾覆斃人無數
十年二月雨雹閏四月二十二日地震
十一年八月二十三日地震
十二年二月不雨至於六月立秋後雨雹大水傷稼冬大饑人相食
十三年春疫夏霾霧傷麥歲大饑人相食

十五年蝗生遍野

十七年大風折木發屋燕雀多墜殞北鄉雹傷麥

十九年二麥減收

二十年夏大旱豆禾盡枯

二十一年四月十二日隕星二夏秋大旱

二十二年四月大風雨雹五月復雨雹

二十四年六月初三日花園湖傍起蛟大風雨三日夜水
漲二丈五尺沖沒民房牲畜無算

二十五年夏大水秋復大旱

二十六年春正月大風拔木夏麥秀雙歧六月十六日夜

地震

二十七年九月地震

二十八年十月雨雹

三十年秋地震

咸豐元年正月初六日大風黄霧晝晦三月二十九日地

震五月二十三四日又震秋大水

二年積水未退桃汛復漲漂没民居無算十月桃李華十

一月二十八日地震有聲

三年二月霾霧晝晦

四年春霪雨傷麥秋大稔

五年大水龍見沱湖二月麥心生蟲

七年春饑民嘯聚搶擄道路皆梗

八年春有赤色鳥無數狀似鷺絲來集邑西村樹間殆遍未幾去俄有捻逆之變五月間鎗刀多出火熠熠有光

八月彗星出張翼間光芒十餘丈夕見西方晨見東方

九年正月夜半有火光約長十餘里遠視有人馬沸騰之狀人咸以爲過陰兵秋大水

十年春饑疫人相食餓殍遍野

十一年二月白氣亘天狀如長虹五月彗星見乾方終夜不沒秋野生稆豆民賴以活

同治元年二月陰霾大風

四年正月大風雷電雨雹

五年三月十二日大風壞民廬舍春大旱潼河涸爲平道

六月初三日巳刻沱河或現數龍轉瞬風雷暴作大雨

淋漓三日夜淮水陡漲三丈民乘舟入街市居民多赴

城垣避水屋宇漂沒沖斃人畜無算

六年春饑夏疫秋大水冬桃李華

九年四月十二日夜大風數百年古樹皆拔去雨雹大如

雞卵壓斃人畜屋宇無算

十年春西北鄉孫德仁家牛產物如麟夜忽不見冬牛大

疫

十一年十二月大風雪沿河舟楫毀壞百餘艘

十二年大水

十三年八月大水鄉民已種二麥多被淹沒冬桃李華

今上皇帝光緒二年正月沱湖氷結各色花樣與生植無異訪之泗城汴河亦然二月有流星大如瓜其色碧自東西流未幾俄人謀內侵遭國亂而止秋七月蝗生遍野

三年秋旱蝗飛蔽天

四年秋大水

七年夏彗星見西方秋天赤如血由酉至卯數月皆然

八年夏彗星見東北方光如一疋練

九年秋大水

十年春饑

十一年夏蝗

十二年冬大雪

十三年春雨冰秋八月十三河決鄭州南入淮沿淮田廬

皆沒於水

十四年秋大水

十五年大水

十六年大稔

十七年五收豐稔秋蝗不爲災

十八年大有秋蝗不爲災冬大雪

十九年雨暘不時旱澇互見冬有盜警

二十年麥苗壯甚四月二十七八兩日霿霧迷漫黑病壞

麥夏復大旱

是年四月杪雨雹大如鷄卵秫苗被傷

【嘉慶】懷遠縣志

（清）孫讓修　（清）李兆洛纂

清嘉慶二十四年（1819）活字本

懷遠縣志卷之九

賜同進士出身安徽鳳陽府懷遠縣知縣孫讓修

五行志

水旱蝗疫妨民者春秋謂之曰災非常之徵弗害於民者謂之異休咎皆有其徵不可誣也世鮮通洪範五行者茲不得而推說焉舊志有祥瑞災異之目今并合爲一卷遠則采諸前代記載近則證諸邑人所見聞補而葺之其有未備則闕如也

宋元嘉二十六年丙戌白鷽見馬頭豫州刺史南平王鑠以聞宋書

十九年五月乙亥甘露降馬頭濟陽宋慶之園樹太守荀預以聞宋書

宋治平元年唐泗濠楚盧壽水本歲畿內宋亳濠泗等州大水遣使行視疏治振恤蠲其租稅宋

史

淳熙九年七月淮甸大蝗宋史

十五年淮甸大雨水淮水溢廬濠楚皆漂廬舍田稼宋史

淳祐二年兩淮蝗宋史

嘉定元年夏淮甸大疫官募掩骼及二百人者度爲僧宋史

至道元年十月濠州獻瑞穀圖宋史

大中祥符四年五月廬宿泗濠州麥自生宋史 本紀五月癸未廬宿泗等州麥自生

嘉祐七年五月鍾離地生麪宋史 本紀二月壬申濠州鍾離縣地生麪十餘頃民皆取食

元元統元年夏兩淮大饑元史

明永樂十四年河決開封經懷遠由渦河入淮江南通志

正統二年夏五月大雨水入城市舊縣志

十三年七月河決榮陽東南經陳留自亳入渦口又經蒙城至懷

遠界入淮江南通志

成化二年大饑人相食舊縣志

宏治六年大雪三月饑凍死者甚衆舊縣志

十九年河决睢州野雞岡由渦河經亳州入淮江南通志

正德六年蝗飛蔽天歲大饑人相食舊縣志

嘉靖元年蝗冬大饑舊縣志

二年春疫人相食舊縣志

二十七年春正月雨冰舊縣志

三十四年六月大雨水入城市舊縣志

四十五年夏霪雨連月水壞民居知縣林大槐乘舟問勞備至民

慼之舊縣志

隆慶三年六月大雨水入城市舊縣志

六年三月雨雹二麥多損舊縣志

萬歷九年旱澇相仍歲大饑人有相食者知縣鄭際可申災撫恤民恃以安舊縣志

十一年淝河南北蝗起有野鸛及羣鴉萬餘食之殆盡舊縣志

十五年夏連月不雨禾損于蝗舊縣志

十六年歲大饑穀貴斗米千錢人多餓死知縣劉功允請賑且爲粥以哺之舊縣志

十七年夏秋間旱井泉涸舊縣志

二十一年春正月霪雨至七月方止水入城市壞民田廬民饑盜

起死徙盈路舊縣志

二十九年春雨至初夏方止水入城市穀價騰貴舊縣志

三十年春正月大雪二三月霪雨五月水入城市二麥無收蕎不及播米穀甚貴蔬果少舊縣志

三十二年歲饑且疫死者甚衆舊縣志

三十三年四月大雨二麥淹沒自夏迄秋踰月不雨禾蕎多稿知縣王存敬率屬祈請徙行日中至八月中旬始雨下田薄收是歲果木不實秋九月桃杏復華舊縣志

三十七年蝗舊縣志

四十六年蝗舊縣志

四十七年蝗舊縣志

四十八年彗星見經月舊縣志

天啟元年雪深一丈人不能行舊縣志

崇禎四年大水入城舊縣志

六年鷄鳩至舊縣志

七年十月朔日食晝晦初四夜北方虹見舊縣志

十三年大荒大疫人相食舊縣志

十四年大荒大疫人相食舊縣志

十六年黃河决由亳蒙渦河入淮漂沒民房田廬無算舊縣志

國朝順治二年產瑞麥一莖雙穗舊縣志

六年大水城中行舟二麥淹奉

旨蠲免錢糧舊縣志

七年十月朔日食既晝晦星見鷄犬鳴吠舊縣志

九年大水入城舊縣志

十年旱蝗舊縣志

十四年二月雨墨水舊縣志

十八年正月雨冰夏大旱舊縣志

康熙二年旱舊縣志

四年星變地震夏大水舊縣志

五年雨粟舊縣志

六年旱蝗舊縣志

七年六月地震民房傾覆大水舊縣志

八年大水入城夏大熱舊縣志

九年夏雨雹損麥冬大雪舊縣志

十年旱蝗冬大雪民饑彗星見西南長數丈兩月方沒舊縣志

十一年夏地震蝗起蔽天不爲災懷遠靈璧麥秀兩岐舊縣志

二十四年夏四月大風雨雹拔樹傷禾揚石民舍悉壞舊縣志

二十八年天雨毒丹二麥無收邑令孔傳植詳上請賑舊縣志

三十五年六月大雨水入城市舊縣志

四十三年春無雨麥生膩蟲盡萎民無食舊縣志

四十四年正月十四日子時有聲如雷人謂天鼓鳴六月大雨水入城舟行縣署前諸河滙爲一神廟民居俱漂溺民携老幼登山居者半載災視順治六年爲甚舊縣志

四十五年夏大雨彌月水入城市舊縣志

四十八年正月大雨自春及夏不止二麥歉收水入城市舟行縣

署前民無食路有死人奉　旨蠲免錢糧舊縣志
四十九年春荒疫作人死無數舊縣志
五十年春夏大旱民乏食舊縣志
五十二年七月大雨後不雨至次年三月始雨二麥失收秋復旱傷奉　旨蠲免錢糧舊縣志
五十五年夏秋俱旱禾失收報災免錢糧十分之二舊縣志
五十六年七月朔日寅時五色雲見于東方彌滿天中竟時舊縣志
五十八年五月陰雨河水大漲入城市民居傾壞舊縣志
乾隆六年有年
十八年自九月至十月雨四十五日渦淮水大漲平地皆行舟水至縣署廳事

二十年大旱

二十一年春荒大疫人乏食斗米錢八百夏大熟民病不能收麥斗麥錢五十

二十六年有年

三十三年飛蝗蔽野集於房屋皆滿知縣佘模捕蝗有功

三十六年有年

四十年夏六月西鄉柳春塘梅姓家牛產異獸一牛頭而麕身額生一瘤遍身有鱗尾上鱗甲尤著鱗縫俱生赤毛尋斃衆聞于知縣林夢鯉繪圖聞於巡撫

四十三年河決由渦入淮大水四十五年春決口始塞

四十七年旱

五十年大旱

五十一年春荒人乏食大疫更甚於二十一年斗米錢千六百夏熟秋蟲食豆苗殆盡虫大數寸色或青或紫或雜不知其名

五十二年水

五十八年河决水

嘉慶三年水

四年水

六年春荒

七年蝗

八年旱

十年旱

十三年旱

十八年河决睢州由渦入淮大水

十九年旱河決口未塞大水尤甚

二十年大雨水是年河決口始塞

二十一年水

二十二年水

生員許廷幹校字